· EX SITU FLORA OF CHINA ·

中国迁地栽培植物志

主编 黄宏文

HOYA
球兰属

本卷主编 张静峰 蔡 磊

本卷副主编 匡延凤 张奕奇 林侨生 吴福川 杨 涓 李兆文

中国林业出版社
China Forestry Publishing House

内容简介

本志收录了我国主要植物园迁地栽培的夹竹桃科萝藦亚科球兰属植物163种7亚种,其中中国原生植物38种1亚种,原产于热带亚洲等境外分布植物125种6亚种,结合国际最新分类学研究,及干标本和文献查阅,纠正了植物园鉴定错误的物种名称,修订了《中国植物志》和 Flora of China 基于干标本观察的部分物种的分类学信息。科拉丁名采纳Endress et al. (2014)的分类系统,种拉丁名主要参考Tropicos,及IPNI,并按拉丁名字母顺序排列。每种植物介绍包括中文名、拉丁名、异名等分类学信息和自然分布、鉴别特征、迁地栽培形态特征、受威胁状况评价、引种信息、物候信息、迁地栽培要点及植物应用评价等,并附精美彩色图片展示物种形态学特征。为了便于查询,书后附有中文名和拉丁名索引。

本志可供植物学、林学、农学、园林园艺、环境保护等相关学科的科研和教学及植物爱好者参考使用。

主编简介

黄宏文:1957年1月1日生于湖北武汉,博士生导师,中国科学院大学岗位教授。长期从事植物资源研究和果树新品种选育,在迁地植物编目领域耕耘数十年,发表论文400余篇,出版专著40余本。主编有《中国迁地栽培植物大全》13卷及多本专科迁地栽培植物志。现为中国科学院庐山植物园主任,中国科学院战略生物资源管理委员会副主任,中国植物学会副理事长,国际植物园协会秘书长。

图书在版编目(CIP)数据

中国迁地栽培植物志.球兰属 / 黄宏文主编;张静峰,蔡磊本卷主编.-- 北京:中国林业出版社,2021.12

ISBN 978-7-5219-1398-9

Ⅰ.①中… Ⅱ.①黄… ②张… ③蔡… Ⅲ.①萝藦科—引种栽培—植物志—中国 Ⅳ.①Q948.52

中国版本图书馆CIP数据核字(2021)第216120号

ZHŌNGGUÓ QIĀNDÌ ZĀIPÉI ZHÍWÙZHÌ · QIÚ LÁN SHǓ

中国迁地栽培植物志·球兰属

出版发行:中国林业出版社
　　　　　(100009 北京市西城区刘海胡同7号)
电　话:010-83143562
印　刷:北京雅昌艺术印刷有限公司
版　次:2022年3月第1版
印　次:2022年3月第1次印刷
开　本:889mm×1194mm　1/16
印　张:24.25
字　数:513千字
定　价:398.00元

《中国迁地栽培植物志》编审委员会

主　　　任：黄宏文
常务副主任：任　海
副　主　任：孙　航　陈　进　胡永红　景新明　段子渊　梁　琼　廖景平
委　　　员（以姓氏拼音为序）：
　　陈　玮　傅承新　郭　翎　郭忠仁　胡华斌　黄卫昌　李　标
　　李晓东　廖文波　宁祖林　彭春良　权俊萍　施济普　孙卫邦
　　韦毅刚　吴金清　夏念和　杨亲二　余金良　宇文扬　张　超
　　张　征　张道远　张乐华　张寿洲　张万旗　周　庆

《中国迁地栽培植物志》顾问委员会

主　　任：洪德元
副主任（以姓氏拼音为序）：
　　陈晓亚　贺善安　胡启明　潘伯荣　许再富
成　　员（以姓氏拼音为序）：
　　葛　颂　管开云　李　锋　马金双　王明旭　邢福武　许天全　张冬林
　　张佐双　庄　平　Christopher Willis　Jin Murata　Leonid Averyanov
　　Nigel Taylor　Stephen Blackmore　Thomas Elias　Timothy J Entwisle
　　Vernon Heywood　Yong-Shik Kim

《中国迁地栽培植物志·球兰属》编者

主　　编： 张静峰（中国科学院华南植物园）
　　　　　　蔡　磊（中国科学院昆明植物研究所）

副 主 编： 匡延凤（中国科学院华南植物园）
　　　　　　张奕奇（中国科学院华南植物园）
　　　　　　林侨生（中国科学院华南植物园）
　　　　　　吴福川（中国科学院西双版纳热带植物园）
　　　　　　杨　涓（北京市植物园管理处）
　　　　　　李兆文（厦门市园林植物园）

编　　委： 郗　望（中国科学院昆明植物研究所昆明植物园）
　　　　　　刘仪烨（深圳市中国科学院仙湖植物园）
　　　　　　茅汝佳（上海市植物园）
　　　　　　刘　华（中国科学院华南植物园）
　　　　　　李　莉（上海辰山植物园）
　　　　　　王　琦（上海辰山植物园）
　　　　　　吕元林（中国科学院昆明植物研究所昆明植物园）
　　　　　　李兴贵（中国科学院昆明植物研究所昆明植物园）
　　　　　　李策宏（四川省自然资源科学研究院峨眉山生物站）

主　　审： Michele Rodda（Singapore Botanic Gardens）

责 任 编 审： 廖景平　湛青青（中国科学院华南植物园）

摄　　影： 蔡　磊　黄明忠　李策宏　沐先运　彭彩霞　沈献刚
　　　　　　舒渝民　王炳谋　王春梅　王　琦　杨　涓　张静峰
　　　　　　赵明旭

数据库技术支持： 张　征　黄逸斌　谢思明（中国科学院华南植物园）

《中国迁地栽培植物志·球兰属》参编单位
（数据来源）

中国科学院华南植物园（SCBG）

中国科学院昆明植物研究所昆明植物园（KIB）

深圳市中国科学院仙湖植物园（SZBG）

中国科学院西双版纳热带植物园（XTBG）

上海植物园（SHBG）

上海辰山植物园（CSBG）

厦门市园林植物园（XMBG）

北京市植物园（BBG）

《中国迁地栽培植物志》编研办公室

主　任： 任　海

副主任： 张　征

主　管： 湛青青

序 FOREWORD

中国是世界上植物多样性最丰富的国家之一，有高等植物33000~35000种，约占世界总数的10%，仅次于巴西，位居全球第二。中国是北半球唯一横跨热带、亚热带、温带到寒带森林植被的国家。中国的植物区系是整个北半球早中新世植物区系的孑遗成分，且在第四纪冰川期中，因我国地形复杂、气候相对稳定的避难所效应，又是植物生存、物种演化的重要中心，同时，我国植物多样性还遗存了古地中海和古南大陆植物区系，因而形成了我国极为丰富的特有植物，有约250个特有属、15000~18000个特有种。中国还有粮食植物、药用植物及园艺植物等摇篮之称，几千年的农耕文明孕育了众多的栽培植物的种质资源，是全球资源植物的宝库，对人类经济社会的可持续发展具有极其重要的意义。

植物园作为植物引种、驯化栽培、资源发掘、推广应用的重要源头，传承了现代植物园几个世纪科学研究的脉络和成就，在近代的植物引种驯化、传播栽培及作物产业国际化进程中发挥了重要作用，特别是经济植物的引种驯化和传播栽培对近代农业产业发展、农产品经济和贸易、国家或区域经济社会发展的推动则更为明显，如橡胶、茶叶、烟草及众多的果树、蔬菜、药用植物、园艺植物等。特别是哥伦布到达美洲新大陆以来的500多年，美洲植物引种驯化及其广泛传播、栽培深刻改变了世界农业生产的格局，对促进人类社会文明进步产生了深远影响。植物园的植物引种驯化还对促进农业发展、食物供给、人口增长、经济社会进步发挥了不可替代的重要作用，是人类农业文明发展的重要组成部分。我国现有约200个植物园引种栽培了高等维管植物约396科3633属23340种（含种下等级），其中我国本土植物为288科2911属约20000种，分别约占我国本土高等植物科的91%、属的86%、物种数的60%，是我国植物学研究及农林、环保、生物等产业的源头资源。因此，充分梳理我国植物园迁地栽培植物的基础信息数据，既是科学研究的重要基础，也是我国相关产业发展的重大需求。

然而，我国植物园长期以来缺乏数据整理和编目研究。植物园虽然在植物引种驯化、评价发掘和开发利用上有悠久的历史，但适应现代植物迁地保护及资源发掘利用的整体规划不够、针对性差且理论和方法研究滞后。同时，传统的基于标本资料编纂的植物志也缺乏对物种基础生物学特征的验证和"同园"比较研究。我国历时45年，于2004年完成的植物学巨著《中国植物志》受到国内外植物学者的高度赞誉，但由于历史原因造成的模式标本及原始文献考证不够，众多种类的鉴定有待完善；Flora of China 虽弥补了模式标本和原始文献考证的不足，但仍然缺乏对基础生物学特征的深入研究。

《中国迁地栽培植物志》致力于创建一个"活"植物志，成为支撑我国植物迁地保护和可持续利用的基础信息数据平台。《中国迁地栽培植物志》编撰立足对我国植物园引种栽培的20000多种高等植物的实地形态特征、物候信息、用途评价、栽培要领等综合信息和翔实的图片。从学科上支撑分类学修订、园林园艺、植物生物学和气候变化等研究；从应用上支撑我国生物产业所需资源发掘及利用。植物园长期引种栽培的植物与我国农林、医药、环保等产业的源头资源密切相关。由于人类大量活动的影响，植物赖以生存的自然生态系统遭到严重破坏，致使植物灭绝威胁增加；与此同时，绝大部分植物资源尚未被人类认识和充分利用。在当今全球气候变化、经济高速发展和人口快速增长的背景下，植物园作为植物资源保存和发掘利用的"诺亚方舟"将在解决当今世界面临的食物保障、医药健康、工业原材料、环境变化等重大问题中发挥越来越大的作用。

《中国迁地栽培植物志》编研致力于全面系统地整理我国迁地栽培植物基础数据资料，建设专科、专属、专类植物类群规范的数据库和翔实的图文资料库，既支撑我国植物学基础研究，又注重对我国农林、医药、环保产业的源头植物资源的评价发掘和利用，具有长远的基础数据资料的整理积累和促进经济社会发展的重要意义。植物园的引种栽培植物在植物科学的基础性研究中有着悠久的历史，支撑了从传统形态学、解剖学、分类系统学研究，到植物资源开发利用、为作物育种提供原始材料，以及现今分子系统学、新药发掘、活性功能天然产物等科学前沿，乃至植物物候相关的全球气候变化研究。

《中国迁地栽培植物志》原始数据基于中国植物园活植物收集，通过植物园栽培活植物特征观察收集，获得充分的比较数据，为分类系统学未来发展提供翔实的生物学资料，提升植物生物学基础研究，为植物资源新种质发现和可持续利用提供更好的服务。《中国迁地栽培植物志》将以实地引种栽培活植物形态学性状描述的客观性、评价用途的适用性、基础数据的服务性为基础，并聚焦生物学、物候学、栽培繁殖要点和应用；以彩图翔实反映茎、叶、花、果实和种子特征为依据，在完善建立迁地栽培植物资源动态信息平台和迁地保育植物的引种信息评价、保育现状评价管理系统的基础上，以科、属或具有特殊用途、特殊类别的专类群的整理规范，采用图文并茂方式编撰成卷（册）并鼓励编研创新。编撰全面收录了中国的植物园、公园等迁地保护和收集栽培的高等植物，服务于我国农林、医药、环保、新兴生物产业的源头资源信息和源头资源种质，也将为诸如气候变化背景下植物适应性机理、比较植物遗传学、比较植物生理学、入侵植物生物学等现代学科领域及植物资源的深度发掘提供基础性科学数据和种质资源材料。

《中国迁地栽培植物志》总计约60卷册，10～20年完成。2015—2020年完成20～25卷册的开拓性工作。同时以此推动《世界迁地栽培植物志》（*Ex Situ Flora of the World*）计划，形成以我国为主的国际植物资源编目和基础植物数据库建立的项目引领效应。今《中国迁地栽培植物志·球兰属》书稿付梓在即，谨此为序。

黄宏文
2021年5月18日于广州

前言 PREFACE

球兰是夹竹桃科（Apocynaceae）萝藦亚科（Asclepiadoideae）球兰属（*Hoya* R. Br）植物的统称，作为肉质观赏植物，观叶观花皆可，颇为流行，是园艺界的新宠，亦是一类风靡全球的时新观赏植物。据IPNI（国际植物名称索引）（2020）记录有700余种，目前还不断有新种被发现；但随着一些国家和地区的球兰分类学研究的推进，正逐步解决鉴定错误、异名和未知种等植物分类学问题，目前种类较为清楚的有中国、澳大利亚、婆罗洲等国家和地区。据估计，球兰属的物种数量可能在350~450种之间（Rodda et al., 2021）。

《中国植物志》第63卷（蒋英和李秉滔，1977）收录球兰属22种3变种2变型，*Flora of China* (FOC)第16卷（李秉滔 等，1995）收录30种（不含两个外来种）。后植物志时代，中国又陆续发现了十几个球兰新种。这些物种，大部分物种只有文字描述，极少种有墨线图，或彩色图片。同时，球兰的应用主要基于商业贸易来实现，很多物种在野外一经发现，常以鉴定错误的拉丁名或商品名流入市场，一种多名、异名、错误拉丁名、商品名和"Sp."等屡见不鲜，物种鉴定、标本查阅和文献查证等也存在种种困难，引种栽培的风险性评估也缺乏相关资料，加之《中国植物志》、*Flora of China*、国家或地区植物志、外文文献等主要基于标本的查阅和鉴定，关键特征描写通常简要，或语焉不详，缺乏活植物的连续数据观察和彩色特征图片等等，这为从业者及植物爱好者的辨认带来不便。

本志编研过程中的典型问题总结如下：

1.外来种鉴定，解决一种多名、异名、鉴定错误拉丁名、商品名和"sp."等的问题。

中国植物园迁地保育的球兰，绝大部分为商业购买的外来种，种名常依据于引种拉丁名和商品名，种的准确鉴定极其困难。常见的错误有：I. 拉丁名拼写错误，如 *Hoya naumannii* 常误写为 *H. maumannii* 等；II. 鉴定错误拉丁名，如 *H. stoneana* 常被错误鉴定为 *H. longifolia*，*H. rotundiflora* 曾经被错误鉴定为 *H. lyi* 等；III. 商品名，常出现于未知种，或某些种的生态型，如商品名 *H.* kawlan 'Big leaf' 的正确拉丁名为 *H. mirabilis*，商品名 *H. erythrostemma* 'Pink' 为 *H. erythrostemma* 的粉花生态种群等。

2.补充基于标本和活植物观察的物种分类学信息。

广西球兰（*Hoya commutata*）由 Gilbert 等基于一份蒋英采自广西的22375号标本描述，Gilbert 等指出该份标本混杂有黄花球兰（*H. fusca*）的营养体和花序，仅一花序为广西球兰，通过迁地于中国植物园的活植物持续观察，及馆藏于P的复份标本，补充描写了广西球兰营养体的分类学特征。通过迁地于中国植物园的活植物的持续观察，补充和纠正了《中国植物志》和 *Flora of China* 中部分物种缺失或语焉不详的分类学信息，如增加了 *H. radicali* 花的详细描述；补充了中国记录的 *H. carnosa* complex 物种缺乏乳汁和植株被毛等关键分类学信息。

3. 中国本土球兰属植物的分类学处理

本志书在中国球兰的分类学修订上，做了如下几个处理：台湾球兰（*Hoya carnosa* var. *formosana*）恢复为原种名 *H. formosana*；海南球兰从 *H. ovalifolia* 中分离，恢复原种名 *H. hainanensis*；彩叶球兰（*H. carnosa* var. *gushanica*）合并入 *H. carnosa*；贡山球兰（*H. lii*）合并入 *H. edeni*；*H. tetrantha* 和 *H. lanceolata*（2019中国新记录）合并入 *H. longicalyx*；同时，增加3个中国新记录 *H. oblanceolata*、*H. obcordata* 和 *H. pandurata* subsp. *angustifolia*。故本志书记录了中国球兰38种1亚种，未收录9种；有些未观测到花，或存在分类问题，或在我国植物园未有迁地栽培。

4. 受威胁状况评价

球兰属植物作为颇为流行的时新观赏植物，野采、盗采严重。球兰大部分物种分布狭窄，地区特有性极高，极易受到环境的影响，叠加严重的盗采行为，面临灭绝的威胁，最近出版的《广西本土植物及其濒危状况》（韦毅刚，2021）记录了广西本土球兰有17种，受胁迫的种类达10种，占约58.8%。《广西本土植物及其濒危状况》佐证了球兰属植物受胁迫状况极为严重，保护势在必行。基于此，本志书结合现实状况，对一些易受威胁的物种调整了受威胁状况评价。

5. 适应性评估

球兰作为典型的热带攀附植物，总体而言，喜高温高湿，忌暴晒，忌低温干燥环境，故常需在温室下栽培。不同生境下的物种，对光照、温度、湿气、耐水性等的耐受度是不同的，如有些种对低温敏感，有些种忌高温，有些种喜荫蔽环境，有些种需强光照才能开花结果，等等。故本志书对每个物种都进行了适应性评估，这有助于业者及植物爱好者能更好地了解这些球兰，促进球兰的园艺和园林景观等的应用。

6. 识别特征

球兰是一个大属，大部分物种为外来种，种下检索极其困难，编者曾尝试多种方式，暂未能探索出一个较为科学的种下检索表，故选择以识别特征替代检索表，每个物种下设鉴别特征，便于读者进一步查对，书后附有参考文献、中文名和拉丁名索引。

中国植物园大规模迁地栽培球兰始于21世纪初，主要通过商业购买来增加种的数量，物种大多为外来种，中国本土物种稀缺。据统计，中国植物园迁地保育的种约有300种（含未鉴定种），主要保育于华南植物园、昆明植物园、上海辰山植物园、深圳仙湖植物园等。我们邀请多个植物园球兰保育专家共同编写此书，记录了迁地保育于中国植物园的球兰属植物163种7亚种，部分种类，因暂未能准确鉴定，或存在分类问题，或未观测到花等原因，而未被收录。本卷册是全国多家植物园科研人员团结协作的成果，我们对各参编人员给予的理解和支持表示衷心的感谢！因编者学识水平有限，书中疏漏甚至错误之处在所难免，敬请读者批评指正。

本书承蒙以下研究项目的大力资助：

科技基础性工作专项——植物园迁地栽培植物志编撰（2015FY210100）；国家基础科学数据共享服务平台——植物园主题数据库；中国科学院核心植物园特色研究所建设任务：物种保育功能领域；中国科学院植物资源保护与可持续利用重点实验室重点基金；广东省数字植物园重点实验室；中国科学院大学研究生/本科生教材或教学辅导书项目。在此表示衷心感谢！

编者
2021年5月

目录 CONTENTS

序 ·· 6

前言 ·· 8

概述 ·· 16

 一、球兰属的分类与分布 ·· 18

 二、球兰属植物的形态特征 ·· 18

 三、球兰属植物资源的综合应用 ·· 25

 四、球兰属植物的繁殖和迁地栽培要点 ·· 28

各论 ·· 32

 1 刺球兰 *Hoya acicularis* T. Green & Kloppenb. ··· 34

 2 近缘球兰 *Hoya affinis* Hemsl. ··· 36

 3 阿拉沟河球兰 *Hoya alagensis* Kloppenb. ··· 38

 4 奥氏球兰 *Hoya aldrichii* Hemsl. ·· 40

 5 安氏球兰 *Hoya anncajanoae* Kloppenb. & Siar ·· 42

 6 环冠球兰 *Hoya anulata* Schltr. ··· 44

 7 风铃球兰 *Hoya archboldiana* C. Norman ·· 46

 8 澳洲球兰 *Hoya australis* R. Br. & J. Traill ·· 48

 9 石崖球兰 *Hoya australis* subsp. *rupicola* (K. D. Hill) P. I. Forst. & Liddle ···················· 50

 10 萨纳球兰 *Hoya australis* subsp. *sana* (F. M. Bailey) K. D. Hill ······································ 52

 11 白沙球兰 *Hoya baishaensis* Shao Y. He & P. T. Li ··· 54

 12 巴拉球兰 *Hoya balaensis* Kidyoo & Thaithong ··· 56

 13 贝布斯球兰 *Hoya bebsguevarrae* Kloppenb. & Carandang ·· 58

 14 贝卡里球兰 *Hoya beccarii* Rodda & Simonsson ··· 60

 15 贝拉球兰 *Hoya bella* Hook. ·· 62

 16 本格特球兰 *Hoya benguetensis* Schltr. ·· 64

17 谭氏球兰 *Hoya benitotanii* Kloppenb. ·········· 66
18 不丹球兰 *Hoya bhutanica* Grierson & D. G. Long ·········· 68
19 双裂球兰 *Hoya bilobata* Schltr. ·········· 70
20 布拉轩球兰 *Hoya blashernaezii* Kloppenb. ·········· 72
21 希雅球兰 *Hoya blashernaezii* subsp. *siariae* (Kloppenb.) Kloppenb. ·········· 74
22 巴尔马约球兰 *Hoya blashernaezii* subsp. *valmayoriana* Kloppenb., Guevarra & Carandang ·········· 76
23 波特球兰 *Hoya buotii* Kloppenb. ·········· 78
24 缅甸球兰 *Hoya burmanica* Rolfe ·········· 80
25 美叶球兰 *Hoya callistophylla* T. Green ·········· 82
26 钟花球兰 *Hoya campanulata* Blume ·········· 84
27 樟叶球兰 *Hoya camphorifolia* Warb. ·········· 86
28 洋心叶球兰 *Hoya cardiophylla* Merr. ·········· 88
29 球兰 *Hoya carnosa* (L. f.) R. Br. ·········· 90
30 隐冠球兰 *Hoya celata* Kloppenb., G. Mend., Cajano, Guevarra & Carandang ·········· 92
31 景洪球兰 *Hoya chinghungensis* (Tsiang & P. T. Li) M. G. Gilbert, P. T. Li & W. D. Stevens ·········· 94
32 绿花球兰 *Hoya chlorantha* Rech. ·········· 96
33 玉桂球兰 *Hoya cinnamomifolia* Hook. ·········· 98
34 柠檬球兰 *Hoya citrina* Ridl. ·········· 100
35 反瓣球兰 *Hoya clemensiorum* T. Green ·········· 102
36 广西球兰 *Hoya commutata* M. G. Gilbert & P. T. Li ·········· 104
37 革叶球兰 *Hoya coriacea* Blume ·········· 106
38 卡尼球兰 *Hoya corneri* Rodda & S. Rahayu ·········· 108
39 卡米球兰 *Hoya cumingiana* Decne. ·········· 110
40 银斑球兰 *Hoya curtisii* King & Gamble ·········· 112
41 大勐龙球兰 *Hoya daimenglongensis* Shao Y. He & P. T. Li ·········· 114
42 蚁球 *Hoya darwinii* Loher ·········· 116
43 戴氏球兰 *Hoya davidcummingii* Kloppenb. ·········· 118
44 密叶球兰 *Hoya densifolia* Turcz. ·········· 120
45 双翅球兰 *Hoya diptera* Seem. ·········· 122
46 崖县球兰 *Hoya diversifolia* Blume ·········· 124
47 掌脉球兰 *Hoya dolichosparte* Schltr. ·········· 126
48 贡山球兰 *Hoya edeni* King & Hook. f. ·········· 128
49 埃尔默球兰 *Hoya elmeri* Merr. ·········· 130
50 红叶球兰 *Hoya erythrina* Rintz ·········· 132
51 红冠球兰 *Hoya erythrostemma* Kerr. ·········· 134
52 凹湾球兰 *Hoya excavata* Teijsm. & Binn. ·········· 136
53 鞭毛球兰 *Hoya flagellata* Kerr. ·········· 138
54 淡黄球兰 *Hoya flavida* P. I. Forst. & Liddle ·········· 140
55 台湾球兰 *Hoya formosana* T. Yamaz. ·········· 142
56 护耳草 *Hoya fungii* Merr. ·········· 144
57 黄花球兰 *Hoya fusca* Wall. ·········· 146
58 褐缘球兰 *Hoya fuscomarginata* N. E. Br. ·········· 148
59 高黎贡球兰 *Hoya gaoligongensis* M. X. Zhao & Y. H. Tan ·········· 150

60 毛球兰 *Hoya globulosa* Hook. f.	152
61 戈兰柯球兰 *Hoya golamcoana* Kloppenb.	154
62 格林球兰 *Hoya greenii* Kloppenb.	156
63 荷秋藤 *Hoya griffithii* Hook. f.	158
64 海南球兰 *Hoya hainanensis* Merr.	160
65 海岸球兰 *Hoya halophila* Schltr.	162
66 希凯尔球兰 *Hoya heuschkeliana* Kloppenb.	164
67 黄花希凯尔 *Hoya heuschkeliana* subsp. *cajanoae* Kloppenb & Siar.	166
68 毛叶球兰 *Hoya hypolasia* Schltr.	168
69 皇冠球兰 *Hoya ignorata* T. B. Tran, Rodda, Simonsson & Joongku Lee	170
70 火红球兰 *Hoya ilagiorum* Kloppenb., Siar & Cajano	172
71 玳瑁球兰 *Hoya imbricata* Callery & Decne.	174
72 帝王球兰 *Hoya imperialis* Lindl.	176
73 隐脉球兰 *Hoya inconspicua* Hemsl.	178
74 厚冠球兰 *Hoya incrassata* Warb.	180
75 卷叶球兰 *Hoya incurvula* Schltr.	182
76 尖峰岭球兰 *Hoya jianfenglingensis* Shao Y. He & P. T. Li	184
77 胡安娜球兰 *Hoya juannguoana* Kloppenb.	186
78 印南球兰 *Hoya kanyakumariana* A. N. Henry & Swamin.	188
79 肯尼球兰 *Hoya kenejiana* Schltr.	190
80 肯蒂亚球兰 *Hoya kentiana* C. M. Burton	192
81 凹叶球兰 *Hoya kerrii* Craib	194
82 元宝球兰 *Hoya kloppenburgii* T. Green	196
83 克朗球兰 *Hoya krohniana* Kloppenb. & Siar	198
84 裂瓣球兰 *Hoya lacunosa* Bl.	200
85 披针叶球兰 *Hoya lanceolata* Wall. & D. Don	202
86 棉叶球兰 *Hoya lasiantha* Korth. & Bl.	204
87 橙花球兰 *Hoya lasiogynostegia* P. T. Li	206
88 大叶球兰 *Hoya latifolia* G. Don	208
89 白瑰球兰 *Hoya leucorhoda* Schltr.	210
90 线叶球兰 *Hoya linearis* Wall. & D.Don	212
91 滨海球兰 *Hoya litoralis* Schltr.	214
92 洛布球兰 *Hoya lobbii* Hook. f.	216
93 洛克球兰 *Hoya lockii* V. T. Pham & Aver.	218
94 洛尔球兰 *Hoya loheri* Kloppenb.	220
95 长萼球兰 *Hoya longicalyx* H. Wang & E. F. Huang	222
96 莱斯球兰 *Hoya loyceandrewsiana* T. Green	224
97 卢氏球兰 *Hoya lucardenasiana* Kloppenb., Siar & Cajano	226
98 香花球兰 *Hoya lyi* H. Lév.	228
99 澜沧球兰 *Hoya manipurensis* Deb	230
100 纸巾球兰 *Hoya mappigera* Rodda & Simonsson	232
101 红花球兰 *Hoya megalaster* Warb.	234
102 美丽球兰 *Hoya meliflua* Merr.	236

103 公园球兰 *Hoya memoria* Kloppenb. 238

104 梅氏球兰 *Hoya meredithii* T. Green 240

105 玛丽球兰 *Hoya merrillii* Schltr. 242

106 米氏球兰 *Hoya migueldavidii* Cabactulan, Rodda & R. B. Pimentel 244

107 迈纳球兰 *Hoya minahassae* Schltr. 246

108 民都洛球兰 *Hoya mindorensis* Schltr. 248

109 异球兰 *Hoya mirabilis* Kidyoo 250

110 蜂出巢 *Hoya multiflora* Blume 252

111 蚁巢球兰 *Hoya myrmecopa* Kleijn & Donkelaar 254

112 纳巴湾球兰 *Hoya nabawanensis* Kloppenburg & Wiberg 256

113 瑙曼球兰 *Hoya naumannii* Schltr. 258

114 新波迪卡球兰 *Hoya neoebudica* Guillaumin 260

115 凸脉球兰 *Hoya nervosa* Tsiang & P. T. Li 262

116 钱叶球兰 *Hoya nummularioides* Cost. 264

117 林芝球兰 *Hoya nyingchiensis* Y. W. Zuo & H. P. Deng 266

118 倒心叶球兰 *Hoya obcordata* Hook. f. 268

119 倒披针叶球兰 *Hoya oblanceolata* Hook. f. 270

120 倒卵尖球兰 *Hoya oblongacutifolia* Cost. 272

121 倒卵叶球兰 *Hoya obovata* Decne. 274

122 小棉球兰 *Hoya obscura* Elmer & Merr. 276

123 甜香球兰 *Hoya odorata* Schltr. 278

124 卷边球兰 *Hoya oreogena* Kerr. 280

125 豆瓣球兰 *Hoya pallilimba* Kleijn & Donkelaar 282

126 琴叶球兰 *Hoya pandurata* Tsiang 284

127 狭琴叶球兰 *Hoya pandurata* subsp. *angustifolia* Rodda & K. Amstrong. .. 286

128 矮球兰 *Hoya parviflora* Wight 288

129 碗花球兰 *Hoya patella* Schltr. 290

130 帕斯球兰 *Hoya paziae* Kloppenb. 292

131 秋水仙 *Hoya persicina* Kloppenb., Siar, Guevarra, Carandang & G. Mend 294

132 皮氏球兰 *Hoya pimenteliana* Kloppenb. 296

133 皱褶球兰 *Hoya plicata* King & Gamble 298

134 多脉球兰 *Hoya polyneura* Hook. f. 300

135 猴王球兰 *Hoya praetorii* Miq. 302

136 柔毛球兰 *Hoya pubera* Bl. 304

137 毛萼球兰 *Hoya pubicalyx* Merr. 306

138 紫花球兰 *Hoya purpureo-fusca* Hook. 308

139 微花球兰 *Hoya pusilla* Rintz 310

140 梨叶球兰 *Hoya pyrifolia* E. F. Huang 312

141 奎氏球兰 *Hoya quisumbingii* Kloppenb. 314

142 匙叶球兰 *Hoya radicalis* Tsiang & P. T. Li 316

143 断叶球兰 *Hoya retusa* Dalzell. 318

144 反卷球兰 *Hoya revoluta* Wight & Hook. f. 320

145 硬叶球兰 *Hoya rigida* Kerr. 322

146 方叶球兰 *Hoya rotundiflora* M. Rodda & N. Simonsson	324
147 兰敦球兰 *Hoya rundumensis* (T. Green) Rodda & Simonsson	326
148 门多萨球兰 *Hoya salmonea* Kloppenb., Guevarra, G. Mend. & Ferreras	328
149 斯氏球兰 *Hoya scortechinii* King & Gamble	330
150 匍匐球兰 *Hoya serpens* Hook. f.	332
151 菜豆球兰 *Hoya shepherdi* Short & Hook.	334
152 斑叶球兰 *Hoya sigillatis* T. Green	336
153 实必丹球兰 *Hoya sipitangensis* Kloppenb. & Wiberg	338
154 索里嘎姆球兰 *Hoya soligamiana* Kloppenb., Siar & Cajano	340
155 棒叶球兰 *Hoya spartioides* (Benth.) Kloppenb.	342
156 宝石球兰 *Hoya stoneana* Kloppenb. & Siar	344
157 粗蔓球兰 *Hoya subquintuplinervis* Miq.	346
158 苏里高球兰 *Hoya surigaoensis* Kloppenb. Siar & Nyhuus	348
159 三岛球兰 *Hoya tamdaoensis* Rodda & T. B. Tran	350
160 夜来香球兰 *Hoya telosmoides* Omlor	352
161 腾冲球兰 *Hoya tengchongensis* J. F. Zhang, N. H. Xia & Y. F. Kuang	354
162 西藏球兰 *Hoya thomsonii* Hook. f.	356
163 钩状球兰 *Hoya uncinata* Teijsm. & Binn	358
164 万荣球兰 *Hoya vangviengiensis* Rodda & Simonsson	360
165 铁草鞋 *Hoya verticillata* (Vahl) G. Don	362
166 黄洁球兰 *Hoya vitellinoides* Bakh. f.	366
167 瓦依特球兰 *Hoya wayetii* Kloppenb.	368
168 小贝拉球兰 *Hoya weebella* Kloppenb.	370
169 盈江球兰 *Hoya yingjiangensis* J. F. Zhang, L. Bai, N. H. Xia & Z. Q. Peng	372
170 尾叶球兰 *Hoya yuennanensis* Hand.−Mazz.	374

参考文献 376

附录1　各植物园栽培球兰属植物种类统计表 378

附录2　各植物园地理环境 383

中文名索引 385

拉丁名索引 387

概述
Overview

一、球兰属的分类与分布

球兰为夹竹桃科（Apocynaceae）萝藦亚科（Asclepiadoideae）球兰属（*Hoya* R. Br.）植物的统称。夹竹桃科是双子叶植物中最大的科之一，约有5100种，全世界都有分布，但主要分布于热带及亚热带地区。现今流行的夹竹桃科分类系统是由Endress *et al.*（2014）提出的，即由原来的夹竹桃科和萝藦科合并而成，新的夹竹桃科被划分为5亚科：即从原来的夹竹桃独立出夹竹桃亚科（Apocynoideae）、萝芙木亚科（Rauvolfioideae）2个亚科，和由原来的萝藦科独立出萝藦亚科（Asclepiadoideae）、杠柳亚科（Periplocoideae）、鲫鱼藤亚科（Secamonoideae）3个亚科组成。

早在18世纪，瑞典探险家Peter Johan Bladh从中国带了一份植物标本送给瑞典著名的生物学家林奈，后来林奈的儿子在1781年以*Asclepias carnosa* Linn. f. 发表（Traill, 1830）。到了1810年，英国植物学家Robert Brown把*A. carnosa*从*Asclepias* L.（马利筋属）中独立出来，并建立了一个以他的好友——英国著名的园艺学家Thomas Hoy命名的新属*Hoya* R. Br.（球兰属）。当时仅有球兰（*H. carnosa*）1种，并成为18世纪欧洲颇受欢迎的观赏植物。据估计，球兰属（*Hoya* R. Br.）的物种数量可能在350~450种（Rodda et al., 2021），主要分布于亚洲雨林，其分布范围西至西喜马拉雅、西南至印度半岛南部、北至横断山脉、东北至琉球群岛、东南至澳大利亚北部、东至南太平洋群岛（Lamb & Rodda, 2016）。

Flora of China（萝藦科）完成于1995年，记录31种1变种（含2个外来种）。后植物志时代，中国本土球兰属植物的分类学研究取得了较大的发展。《球兰鉴赏》（张静峰和林侨生，2018）记录了至2017年在中国发现的球兰40种1变种；此后，至2021年，中国又陆续发现了*Hoya tengchongensis*（2019）、*H. gaoligongensis*（2020）、*H. longicalyx*（2020）、*H. pyrifolia*（2020）、*H. nyingchiensis*（2020）、*H. tetrantha*（2021）等6个新种；及*H. tamdaoensis*（2018）、*H. burmanica*（2019）、*H. lanceolata*（2019）等3个新记录；在分类学修订方面，崖县球兰（*H. liangii*）和*H. persicinicoronaria*被合并入*H. diversifolia*（Middleton & Rodda, 2019），铁草鞋（*H. pottsii*）和*H. bawanglingensis*被合并入*H. verticillata*（Rodda, 2017），毛球兰（*H. villosa*）被合并入*H. globulosa*（Averyanov等, 2017），卷边球兰（*H. revolubilis*）和怒江球兰（*H. salweenica*）被合并入*H. oreogena*（Rodda等, 2021）。在本书各论部分，新增记录台湾球兰（*H. formosana*），*H. carnosa* var. *gushanica*合并入*H. carnosa*，贡山球兰（*H. lii*）合并入*H. edeni*，*H. tetrantha*和*H. lanceolata*（2019中国新记录）合并入*H. longicalyx*，以及增加了3个中国新记录*H. oblanceolata*、*H. obcordata*和*H. pandurata* subsp. *angustifolia*，故中国实际有47种1亚种，分布于西藏南部、云南、四川、贵州中南部、广西、广东、海南、福建南部、香港、澳门和台湾等。

二、球兰属植物的形态特征

藤本或下垂灌木，附生或缠绕于树上或岩石上；通常含乳汁，稀不含；茎粗1~10mm，不定根发达或稀缺；叶肉质，对生，稀3叶轮生，叶长5~250mm，宽2~120mm；伞形花序腋生或顶生，表面凸起，或扁平或凹陷，着花1朵至60余朵；花两性，花冠合瓣，5裂，辐射状，或完全反折，直径2~80mm，高2~20mm，裂片边缘常反卷；雄蕊5，与雌蕊合生成一蕊冠，副花冠肉质，5裂，形如皇冠，星状排列于合蕊柱周边，裂片上表面常展开，两侧边缘向下反折而使背面形成一沟，内角或仅内角顶尖向上反折，倚靠在合蕊柱上；花粉块一对，通常直立，稀平展或倒立；子房上位，离生心皮一对；蓇葖果常双生，线形，稀卵状披针形，先端渐尖；种子极小，顶端具有白色绢质种毛。

1. 乳汁

球兰属植物通常含乳汁，仅球兰复合体（*Hoya carnosa* complex）和钩状球兰复合体（*H. uncinata* complex）缺乏乳汁。

2. 根与茎

蔓生茎 茎攀援或缠绕。藤本类球兰都具有蔓生茎，一些种茎上有发达的不定根，如崖县球兰（*Hoya diversifolia*）和美丽球兰（*H. meliflua*）等；一些种茎上的不定根稀少，如荷秋藤（*H. griffithii*）和凸脉球兰（*H. nervosa*）等。

匍匐茎 茎平卧在地表，节上生有不定根。藤本类球兰兼具匍匐茎，大部分种蔓生茎发达，匍匐茎不明显；少部分种匍匐茎发达，如匍匐球兰（*Hoya serpens*）和尾叶球兰（*H. yuennanensis*）等；双裂片型球兰通常具有发达的匍匐茎，如玳瑁球兰（*H. imbricata*）和柔毛球兰（*H. pubera*）等。

直立茎 指茎背地面而生，直立。球兰属植物的直立茎常发生于灌木类球兰，又因球兰茎质地偏软，附生于高大树干上，茎通常下垂，如线叶球兰（*Hoya linearis*）等；少部分灌木状藤本，兼具直立茎和蔓生茎，如石崖球兰（*H. australis* subsp. *rupicola*）等，基部茎为直立茎，粗壮，叶间隔密集，蔓生茎纤细，叶间隔长可达20cm及以上。

3. 叶

肉质叶 球兰的叶通常肥厚多汁，大小不一。有些种叶极小，长不超过10mm，如梨叶球兰（*Hoya pyrifolia*），叶长8~10mm；有些种叶长超过20cm，如凸脉球兰（*H. nervosa*）叶可长达20cm及以上；某些种叶面革质，如腾冲球兰（*H. tengchongensis*）的叶面明显革质，它的近缘种匍匐球兰（*H. serpens*）则不明显。

对生叶 球兰的叶通常对生，一些种具有少量的轮生叶，如线叶球兰的基部，除了对生叶，发现有少量的三叶轮生；少量种对生叶2~3对簇生，如倒心叶球兰（*H. obcordata*）。

叶脉 球兰的叶脉通常为羽状，稀基出三脉，模糊不清，或明显，或比叶色深，或比叶色浅，或在叶表面凸起。

叶柄 圆柱形，具浅槽。某些种叶柄浅槽明显，如海南球兰（*Hoya hainanensis*）等；有些种叶柄浅槽模糊不清或不显，如毛球兰（*H. globulosa*）等。

二态叶 球兰属植物的叶通常为一态，稀二态。迁地栽培于中国植物园的球兰，只发现2种具有二态叶，即蚁球（*Hoya darwinii*）和一未知种。蚁球的变态叶缩成一贝壳状的肉质小球，后者则在叶片基部附生一对小叶，小叶在展叶期萌发，与叶片同时发育，后脱落。

两对叶簇生　　　　　　羽状脉　　　掌状脉　　　　　　　　　变态叶
倒心叶球兰(*H. obcordata*)　　　　　叶脉　　　　　　　蚁球（*H. darwinii*）的变态叶

球兰属植物的叶

4. 花序

花序 球兰属植物的花序为伞形花序，有扁平花序（表面扁平）、凹形花序（表面凹陷）和球形花序（表面凸起）等三种，常着生于叶腋或顶生，稀聚伞，着花一朵至多朵。

腋生花序 发生于所有藤本类球兰和绝大部分灌木类球兰中。

顶生花序 只发生于灌木类球兰中，灌木类球兰通常同时具有顶生花序和腋生花序，只有顶生花序的种仅在披针叶球兰复合体（*Hoya lanceolata* complex）中有发现，如长萼球兰（*H. longicalyx*）和线叶球兰（*H. linearis*）等。

埃尔默球兰（*H. elmeri*）

布拉轩球兰（*H. blashernaezii*）

希凯尔球兰（*H. heuschkeliana*）

球形花序

贝卡里球兰（*H. beccarii*）

矮球兰（*H. parviflora*）

凹形花序

钱叶球兰（*H. nummularioides*）

迈纳球兰（*H. minahassae*）

斑叶球兰（*H. sigillatis*）

扁平花序

球兰属植物的花序

| 复伞花序 | 顶生花序 |

大叶球兰（*H. latifolia*）　　　　　　锡金线叶（*H. linearis* var. *sikkimensis*）

球兰属植物的花序

多年生花序　花序梗宿存，常不脱落，发生于所有藤本类球兰和部分灌木类球兰中。

一年生花序　花序梗不宿存，当年脱落，只发生于部分灌木类球兰中，如披针叶球兰复合体（*Hoya lanceolata* complex）的花序全部为一年生花序。

5. 花冠与副花冠

合瓣花冠　球兰属植物的花冠合瓣，5裂，钟状，或扁平，或完全反折，裂片旋转，边缘常反卷，冠内常被毛，冠背无毛，稀被毛，如澜沧球兰（*Hoya manipurensis*）的花冠背面被毛等。

黄花希凯尔（*H. heuschkeliana* subsp. *cajanoae*）　　夜来香球兰（*H. telosmoides*）　　碗花球兰（*H. patella*）

纸巾球兰（*H. mappigera*）　　风铃球兰（*H. archboldiana*）　　戴氏球兰（*H. davidcummingii*）

钟状花冠示意图

斯科尔泰基尼球兰 (*H. scortechinii*)　双色球兰 (*H. bicolor*)　密叶球兰 (*H. densifolia*)　猴王球兰 (*H. praetorii*)

凹叶球兰 (*H. kerrii*)　方叶球兰 (*H. rotundiflora*)　罗尔球兰 (*H. loheri*)　埃尔默球兰 (*H. elmeri*)

元宝球兰 (*H. kloppenburgii*)

蜂出巢 (*H. multiflora*)

反折花冠示意图

何秋藤 (*H. griffithii*)

明睿 (*H.* 'Optimistic')

万荣球兰 (*H. vangviengiensis*)

平展花冠示意图（一）

匍匐球兰（*H. serpens*）　　　香花球兰（*H. lyi*）　　　双翅球兰（*H. diptera*）

平展花冠示意图（二）

合蕊柱　雄蕊5，与雌蕊粘生成的中心柱，称为合蕊柱。

合蕊冠　由合蕊柱和副花冠组成。球兰属植物的副花冠常离生，5枚，星状排列于合蕊柱四周。

副花冠　球兰属植物的副花冠形态特异性较高，本质是肉质花瓣边缘向后反折形成的各种形态。裂片底部发生一次折叠，形成的裂片称为单裂片；发生2次折叠形成的裂片称为双裂片。大部分球兰种都是单裂片型，如双色球兰、纸巾球兰等，少部分种的裂片是双裂片型，如戴氏球兰等。

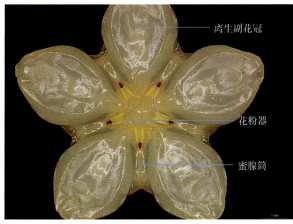 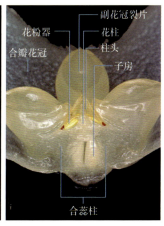

腾冲球兰（*H. tengchongensis*）合蕊冠正面示意图　　　腾冲球兰（*H. tengchongensis*）合蕊冠横切面示意图

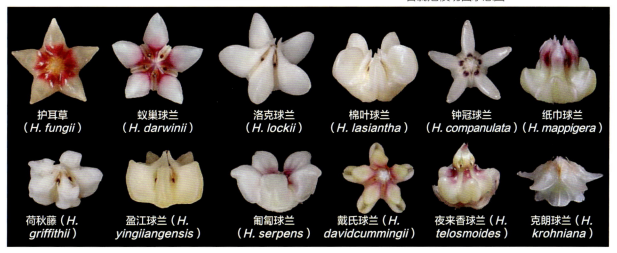

部分球兰的合蕊冠

花粉器 由着粉腺、花粉块柄和一对花粉块组成，花粉块柄着生于着粉腺上，柄上着生一对花粉块，花粉块通常直立，边缘常透明，稀不透明。

崖县球兰（*H. diversifolia*）的花粉块边缘透明

荷秋藤（*H. griffithii*）的花粉块边缘不透明

6. 子房

球兰属植物子房上位，心皮一对，心皮表面通常光滑无毛，稀被毛，如毛萼球兰（*Hoya pubicalyx*）和 *H. carnosa* 等。

毛萼球兰（*H. pubicalyx*）子房被疏毛

西藏球兰（*Hoya thomsonii*）

7. 果

蓇葖双生，或因1个不发育而成单生；种子多数，顶端具有丛生的白色绢质的种毛。

滨海球兰（*H. litoralis*）的蓇葖果

三、球兰属植物资源的综合应用

球兰栽培兴盛于欧美和南亚国家，是近年来颇受欢迎的一类名优观赏花卉。国内起步较晚，亦有园艺栽培，属小众观赏植物，栽培的种（品种）大部分为外来种。

作为附生草质藤本和灌木，球兰的观赏应用综合价值可以通过以下几个场景来实现。

1. 营造垂吊植物景观

球兰属植物可以作为营造垂吊景观的植物素材，尤其是附生下垂灌木和小藤本，如银斑球兰（*Hoya curtisii*）、线叶球兰（*H. linearis*）、腾冲球兰（*H. tengchongensis*）等，经典案例有新加坡滨海花园，长达2m的线叶球兰，悬挂空中，长长下垂的绿色蔓帘，柔软飘逸，宛如少女的发丝。华南植物园兰园的球兰（*H. carnosa*），附生于树枝上，长长的藤蔓下垂，营造出一种自然野趣美。

球兰（*H. carnosa*）（华南植物园兰园）　　　铁草鞋（*H. verticillata*）（华南植物园兰园）

2. 名优观叶植物

球兰的叶通常为肉质，有些种叶形奇特，如外来种凹叶球兰（Hoya kerrii）和我国特有种倒心叶球兰（H. obcordata）等；有些种叶脉清晰美丽，如美叶球兰（H. callistophylla）和毛球兰（H. globulosa）等；有些种叶面被白斑，如银斑球兰（H. curtisii）等；这些特征使球兰成为名优观叶植物中重要的一员。在国内，栽培应用较广的代表种有凹叶球兰，常以"心叶球兰"名售卖，对生的肉质倒心形叶，配一个精致的小瓷盆，意喻"心心相印"，极受人们欢迎。

3. 装饰柱墙

球兰的附生特性，使其成为装饰柱墙的优质植物素材。典型案例有华南植物园奇异室的密叶球兰（Hoya densifolia）和蜂出巢（H. multiflora），附生于墙面（柱）上，叶常年青绿，精致奇异的花，经年不断，观赏效果极佳。同时，球兰的茎叶受低温或光照的影响，易生成红色斑点；如华南植物园奇异室栽培的球兰，每年11月至翌年3月，某些球兰的叶常转为红色，极其美丽。

华南植物园奇异室的密叶球兰（Hoya densifolia）和蜂出巢（H. multiflora）

华南植物园奇异室球兰冬景

4. 攀附植物

球兰是典型的攀附植物，目前在国内景观应用上并不常见，大多是作为温室景观的配角素材，如华南植物园、昆明植物园、上海辰山植物园、北京市植物园、沈阳植物园等展览温室都能寻觅到球兰的身姿。

北京植物园的球兰花展

昆明植物园的球兰布景

华南植物园奇异室球兰展示

5. 种质资源保护

球兰属植物主要分布于亚洲雨林，区系丰富度高，展现很高的特有性。亚洲雨林地质条件复杂，气候类型丰富，极端生态环境和气候变化十分常见，是全球生物多样性最重要的生物热点地区，大部分位于欠发达的发展中国家和地区，野生动植物保护和知识产权意识较为薄弱，球兰的生境破坏和资源被毁时有发生，因此，开展球兰属植物的受威胁状况评价和园艺景观应用，有利于中国本土、南亚、东南亚的球兰种质资源的保护和开发，自主培育球兰新品种等。

四、球兰属植物的繁殖和迁地栽培要点

1. 适宜的栽培环境

球兰属植物为典型的热带附生植物，喜温暖湿润的气候和排水良好的基质，国内常需温室栽培，以防止冻害的发生和太阳直射。

华南植物园2号保育温室

华南植物园3号保育温室

2. 繁殖

球兰属植物需昆虫协助传粉，方可结果。基于迁地栽培条件下，我们发现球兰的种子极易失活，常温下放置半个月，种子已失去大部分活性，出芽率极低；此外，球兰需借助昆虫传粉，而在人工栽培条件下，昆虫数量极少，球兰因缺乏昆虫传粉而不结果，故球兰的繁殖主要是以扦插为主。

扦插前，需提前一天准备好基质，将泥炭土和珍珠岩按照2∶1的比例混合均匀，消毒，装入32孔专业林木穴盆压实后浸透水，取出直到水分滤干不再滴水为止，使基质保持合适水分待用。选择饱满的茎蔓，根据叶间隔的长短，选择1~3个节，茎长5~10cm，保留叶，扦插时，叶节最好在基质表层或浅层处；适当喷水，保持一定湿度，一般10~20天生根，1个月后可移植上盆。

球兰扦插苗

球兰种子苗

3. 迁地栽培技术要点

基质 球兰属植物为附生藤本或附生灌木，不定根肉质，基质的选择可以参考热带兰花等，即基质需有保湿、疏松、透气的特性。一般来说，通常选择颗粒间隙较大，利于空气流通和水分排出，但颗粒本身要具有保湿的特性。一般来说，栽培基质由颗粒、泥炭土和有机肥等组成，颗粒可选择椰壳块、椰糠、树皮、碎砖粒、珍珠岩等或其混合物，泥炭土不能超过10%。目前，国内已有球兰等附生植物专用植料，直接种植即可。

移植 球兰属植物全年都可移植，但一些不耐寒种类，最好选择春夏季移植，以便储备健壮植株抵抗冬季低温。移植盆优选挂盆，根据生长状况，2~3年换盆1次，或剪取健壮枝重新扦插。某些灌木型球兰，尤其分布于泛喜马拉雅山的物种，建议板植。

盆植（藤架）

盆植（悬吊）

板植

光照 球兰属植物通常生长在热带雨林或南亚热带常绿林的树冠层，不耐强光，在太阳的暴晒下易灼伤，但在荫蔽的环境下，大部分物种花量欠佳，甚至未能观测到花。因此，太阳直射时需适当遮阴，以避免暴晒；在室内栽培时，要注意调节光线，最好放置于光线良好、通风透气的区域。少部分物种，需太阳直射，才能观测到花，如崖县球兰（*Hoya diversifolia*）和白沙球兰（*H. baishaensis*）等。迁地保育于华南植物园的崖县球兰，附生于兰园的棕榈树及岩石上，常年太阳直射，每年都能观测到花开；而栽培于保育大棚的植株，即使光线良好，从未观测到花开。

华南植物园兰园的崖县球兰（*Hoya diversifolia*）

温度与湿度 球兰属植物通常喜高温高湿的生境,少部分种低温有冻害,多数种能短时忍受1~5℃低温,少部分种在0~1℃间会发生伤害,甚至难以成活。冻害部位通常为根部,若气温不能快速回升,同时空气干燥,藤蔓易失水死亡;少部分种的冻害表现在掉叶子。如美叶球兰(*Hoya callistophylla*),在冬季,叶常转为黄色(如左图)。若遇低温,低于2℃时,根部易发生冻害,直至整株死亡(如右图)。球兰发生冻害时,取活性枝条,在保温温室内重新扦插繁殖即可。

美叶球兰(*Hoya callistophylla*)

4. 病虫害防治

球兰属植物为典型的温室植物,从迁地栽培的病虫害调查来看,主要是介壳虫和蚜虫危害。球兰的根部发生病害或虫害,与基质湿度密切相关,若基质过湿时,易烂根,若基质过干时,易发生介壳虫危害。

介壳虫危害茎部

介壳虫危害

根部介壳虫危害

埃及蜗牛危害

各论
Species

球兰属

　　附生藤本或下垂灌木，通常含乳汁，稀不含；茎粗1~10mm，不定根发达或稀缺；叶肉质，对生，叶长5~250mm，宽2~120mm；伞形花序腋生或顶生，多年生，稀一年生，花序表面凸起，或扁平或凹陷，着花1朵至60余朵；花两性，花冠合瓣，5裂，辐射状或完全反折，直径2~80mm，高2~20mm，裂片边缘常反卷，表面常被毛，背面无毛，稀被毛；雄蕊5，与雌蕊合生成一蕊冠，副花冠肉质，5裂，形如皇冠，星状排列于合蕊柱周边，裂片上表面展开，两侧边缘向下反折而使背面形成一沟，内角或仅内角顶尖向上反折，倚靠在合蕊柱上；花粉块一对，通常直立，稀平展或倒立；子房上位，离生心皮一对，常光滑无毛，稀被毛；蓇葖果线形，稀卵状披针形，先端渐尖；种子极小，顶端具有白色绢质种毛。

　　有350~450种，主要分布于亚洲热带雨林，分布范围西至西喜马拉雅、西南至印度半岛南部、北至横断山脉、东北至琉球群岛、东南至澳大利亚北部、东至南太平洋群岛。

　　中国有47种1亚种，分布于西藏南部、云南、四川、贵州中南部、广西、广东、海南、福建南部、香港、澳门和台湾等。

1 刺球兰

Hoya acicularis T. Green & Kloppenb., Fraterna 15(4): 7. 2002.

自然分布

婆罗洲；偶见栽培。

鉴别特征

双裂片，叶线形，先端锐尖。

迁地栽培形态特征

附生小藤本，乳汁白色，植株无毛。

🌿 茎 粗2~4mm，绿色；叶间隔长3~10cm；不定根发达。

🌿 叶 对生，绿色，肉质，线形，80~150mm×3~4mm，基部楔形，先端渐尖，尾尖细长；叶两侧常向背面反卷，叶脉不清晰；叶柄圆柱形，5~10mm×2~3mm，粗壮，绿色。

🌸 花 伞状花序，多年生，表面扁平；花冠浅黄色，常密被红色斑点，完全反折，表面被柔毛，背面无毛，裂片顶尖反卷；副花冠双裂片，黄色，具红芯，边缘常被红色斑点。

受威胁状况评价

外来种，缺乏数据（DD）。

引种信息

华南植物园　20121366 市场购买。

深圳仙湖植物园　F0024329 漳州。

上海辰山植物园　20120473 泰国。

物候信息

华南植物园　生长良好，室内温度过低时，有轻微冻害；藤蔓生长较慢；叶常年青绿，昼夜温差大时，叶稍转红；开花困难，栽培多年，未观测到花。

迁地栽培要点

较不耐寒，需温室大棚内栽培，盆栽或绑树桩攀爬。

扦插易成活，生长速度较慢；空气干燥时，注意补湿。

植物应用评价

观叶型，株形较杂乱，观赏性欠佳，可应用于悬吊观赏。

2 近缘球兰

Hoya affinis Hemsl., Bull. Misc. Inform. Kew 1892: 126. 1892.

自然分布

所罗门群岛；常见栽培。

鉴别特征

辐射状大花冠，红色，合蕊柱底部具一肉质圆筒。

迁地栽培形态特征

附生缠绕藤本，乳汁白色，植株被毛。

🟢 茎 粗3~6mm，绿色，被毛；叶间隔长5~15cm；不定根稀疏。

🟢 叶 对生，厚肉质，被毛，卵形至卵状披针形，88~100mm×30~51mm，基部圆形，先端钝尖或渐尖；叶脉不清晰；叶柄圆柱形，20~30mm×3~5mm，绿色，被毛。

🟢 花 伞状花序，多年生，球形，松散，着花多朵；花序梗短，10~20mm×3~4mm，绿色，被毛；花梗棒状，25~26mm×2~3mm，绿色，被毛，先端最粗；萼片阔卵形，4~5mm×4~5mm，龙骨状，钝头，被毛；花冠酒红色，辐射状，直径约40mm，厚肉质，深裂，表面几无毛，背面无毛，裂片两侧向背面反卷；副花冠亮黄色，直径约10mm，高约8mm，具红芯，底具一肉质圆筒，高约4mm，直径约3.5mm，裂片椭圆形，高约4mm，两侧边缘稍向下反卷，留一较宽缝隙，外角圆，明显向上反折，内角钝尖，顶尖细长；子房高约4mm，顶尖。

受威胁状况评价

外来种，缺乏数据（DD）。

引种信息

华南植物园　20114478　市场购买。
深圳仙湖植物园　F0024442　泰国。
上海辰山植物园　20120475　泰国。

物候信息

华南植物园　生长良好，未见冻害；藤蔓生长旺盛；叶常年青绿，低温易落叶；开花困难，栽培多年，直至2019年观测到1~2个花序萌发，花蕾易脱落，只有1~2朵花能发育成熟；植株及花易遭介壳虫危害。

迁地栽培要点

较不耐寒，喜阳，需温室大棚内栽培，适应性较好，盆栽或绑树桩攀爬。
扦插易成活，空气干燥时，注意补湿。

易遭受介壳虫危害，需防治。

植物应用评价

大花型，叶常年青绿，花大艳丽，不建议引种栽培。

本种为sect. *Eriostemma*组下种，主要分布于新几内亚群岛，其特点是花大艳丽，但耐寒性欠佳，在中国南方大棚内栽培，常观测到冻害，表现在落叶，或植株枯萎。同时，*Eriostemma*组下种，在国内极难观测到花序萌发。

3 阿拉沟河球兰

Hoya alagensis Kloppenb., Fraterna 1(3), Philipp. Hoya Sp. Suppl.: I. 1990.

自然分布

菲律宾；常见栽培。

鉴别特征

黄色扁平花冠，被密长毛。

迁地栽培形态特征

缠绕藤本，乳汁白色，除花序梗外无毛。

茎 粗3~6mm，绿色，无毛，具光泽；叶间隔长8~18cm；不定根稀缺。

叶 对生，薄肉质，心状或卵状长圆形至长圆状披针形，10~15cm×4.5~6.5cm，基部心形或圆形，先端钝尖或渐尖，尾尖细长，可达10~15mm；中脉在叶背凸起，侧脉羽状，5~6对，浅绿色；叶柄圆柱形，长15~30mm，浅槽明显，无毛或被疏毛。

花 伞状花序，多年生，球形，球径约10cm，着花40余朵；花序梗较短，长3~6cm，被毛；花梗线形，长34~36mm，无毛；花萼直径5~6mm，绿色，萼片三角形，具缘毛；花冠黄色，平展，直径约26mm，深裂，表面被密长毛，背面无毛，裂片两侧向背面反卷；副花冠平展，直径约7mm，高约4mm，不透明，裂片阔卵形，中脊明显隆起，外角钝尖，顶尖稍向后反折，内角圆尖，顶尖细长，长约1.2mm；子房柱状，高约2mm。

受威胁状况评价

外来种，缺乏数据（DD）。

引种信息

华南植物园 20121314 市场购买。

物候信息

勤花，温湿度合适时，全年可开。

华南植物园 生长良好，未见冻害；藤蔓生长旺盛；叶常年青绿；几全年可观测到花开，花量多；花寿命较长，约1周。

迁地栽培要点

喜阳，亦耐阴，需温室大棚内栽培，适应性强，盆栽或绑树桩攀爬。

扦插易成活，温度适宜时，生长速度快；空气干燥时，注意补湿。

植物应用评价

球花型，易养护，叶常年青绿，表现优良，可应用于藤架或墙（柱）攀爬。

4 奥氏球兰

Hoya aldrichii Hemsl., J. Linn. Soc., Bot. 25. 355. 1890.

自然分布

太平洋圣诞岛；常见栽培。

鉴别特征

与 *Hoya cinnamomifolia* 相似，叶较小，花浅紫色。

迁地栽培形态特征

附生藤本，乳汁白色，植株无毛。

茎 粗2～4mm，浅绿至浅灰色；叶间隔长8～15cm；不定根发达。

叶 对生，肉质，绿色，卵形至卵状长圆形，8～15cm×4.5～7.2cm，基部圆或近心形，先端钝尖，尾尖细长，长5～10mm；掌状脉，1～2对，浅绿色；叶柄圆柱状，8～15mm×5～6mm，粗壮，无毛。

花 伞状花序，多年生，球形，紧凑，球径50～55mm，着花约50朵；花序梗长60～90mm，无毛；花梗线形，长约22mm，无毛，常被紫色斑点；花萼直径约4mm，萼片卵状披针形，顶尖；花冠浅紫色，完全反折，高约9mm，展开直径约16mm，中裂，表面被短柔毛，背面光滑无毛，裂片边缘及顶尖反卷；副花冠深紫色，直径约8mm，高约2mm，裂片卵形，表面凹陷，外角钝尖，稍高于内角，内角圆尖，顶尖细短；子房高约1.5mm。

受威胁状况评价

外来种，缺乏数据（DD）。

引种信息

华南植物园 20121315 市场购买。

西双版纳热带植物园 0020181869 广州中医药大学。

物候信息

勤花，温湿度合适时，全年可开。

华南植物园 生长良好，未见冻害；藤蔓生长旺盛；叶常年青绿；温度高于20℃，可观测到花开，花量较多；花寿命短，1～2天。

迁地栽培要点

喜阳亦耐阴，需温室大棚内栽培，适应性强，盆栽或绑树桩攀爬。

扦插易成活，生长速度较快；空气干燥时，注意补湿。

植物应用评价

艳花型，可应用于藤架或墙（柱）攀爬。

单花寿命极短，1~2天

5 安氏球兰

Hoya anncajanoae Kloppenb. & Siar, Asia Life Sci. 17(1): 62 (-66; figs. 4-6). 2008.

自然分布

菲律宾；常见栽培。

鉴别特征

双裂片，植株被毛，叶具黑边，反折花冠橙黄色。

迁地栽培形态特征

附生小藤本，乳汁白色，植株被毛。

🌿 **茎** 粗2~4mm，酒红色至绿色，被毛；叶间隔长5~8cm；不定根发达。

🌿 **叶** 对生，肉质，卵状两端披针形至倒卵状披针形，40~60mm×15~20mm，基部楔形，先端渐尖，尾尖极短；叶两面被毛，边缘两侧常稍向上反卷，叶缘增厚，常具黑边；叶脉不清晰；叶柄圆柱形，15~20mm×2~3mm，被毛。

🌸 **花** 伞状花序，多年生，球径约50mm，表面扁平稍凹，着花20余朵；花序梗下垂，20~50mm×3~4mm，被毛；花梗拱状，长25~10mm，被毛，外围长于内围；花冠乳黄色至粉色，完全反折，高约9mm，展开直径约15mm，浓香，深裂，表面被密毛，背面无毛，裂片顶尖反卷；副花冠双裂片，伞状凸起，明黄色，直径约7mm，高约5mm，外角明显低于内角，上裂片狭倒卵形，下裂片外角从底部伸出；子房锥形，高约1mm。

受威胁状况评价

外来种，缺乏数据（DD）。

引种信息

华南植物园 20142585 市场购买。

物候信息

勤花，温湿度合适时，全年可开。

华南植物园 生长良好，未见冻害；藤蔓生长茂盛；新叶常为红色，阳光下，或昼夜温差大时更明显；勤花，温度低于15℃时，对花的发育有影响；花寿命较长，约1周。

迁地栽培要点

较喜阳，亦耐阴，需温室大棚内栽培，盆栽或绑树桩攀爬。

扦插易成活，温度适宜时，生长速度快；空气干燥时，注意补湿。

植物应用评价

双裂型，花小巧艳丽，观赏性好，可应用于悬吊观赏。

花序梗、花梗被毛

下垂花序

扁平花序

6 环冠球兰

Hoya anulata Schltr., Fl. Schutzgeb. Südsee 362. 1905.

自然分布

巴布亚新几内亚；常见栽培。

鉴别特征

小卵叶，花序扁平或稍凸，平展花冠白色，副花冠半透明。

迁地栽培形态特征

附生藤本，乳汁白色，植株无毛。

🌿 茎 匍匐状，粗2~4mm，绿色，无毛，具光泽；叶间隔较密集，长4~10cm；不定根发达，长可达10cm以上。

🌿 叶 对生，绿色至红色，肉质；叶卵形至阔卵形或圆形，60~95mm×35~45mm，基部圆或钝，具明显狭基，长6~12mm，先端钝尖或圆尖，尾尖细长，长5~8mm；中脉在叶背凸起，侧脉不明显；叶柄较短，5~10mm×2~3mm，具浅槽。

🌿 花 伞状花序，多年生，稍凸，球径35~40mm，着花8~9朵；花序梗较短，50~60mm×2mm，无毛；花梗线形，长9~12mm，无毛；花萼直径3~4mm，萼片卵状披针形，顶尖；花冠白色，扁平，展开直径14~15mm，中裂，表面被密柔毛，背面无毛，裂片边缘稍反卷；副花冠红色，直径约6mm，半透明，裂片卵状披针形，拱状，中脊卵状披针状隆起，外角圆，稍高于内角，内角顶尖细长，反折倚靠在合蕊柱上；子房锥形，高约1mm，顶尖。

受威胁状况评价

外来种，缺乏数据（DD）。

引种信息

华南植物园 20111761、20102706 市场购买。

深圳仙湖植物园 F0024678 漳州；F0024550 泰国。

上海植物园 2010-4-0294、2010-4-0211 马来西亚。

上海辰山植物园 20102947、20120476 泰国；20122954 浙江。

物候信息

华南植物园 生长良好，未见冻害；藤蔓生长较旺盛，易发枝；昼夜温差大时，叶常显红色；花期3~6月；花寿命较长，5~6天。

迁地栽培要点

喜阳，亦耐阴，需温室大棚内栽培，盆栽或绑树桩攀爬。

扦插易成活，温度适宜时，生长速度较快；空气干燥时，注意补湿。

植物应用评价

匍匐型，易养护，可应用于悬吊或攀附观赏。

另有一种，引种名为假滨海球兰（*Hoya pseudolittoralis*），与本种有细微区别，即叶稍宽，若昼夜温差大时，叶显得更为红艳，其他差别不大，故本志书作为同一个种处理。

7 风铃球兰

Hoya archboldiana C. Norman, Brittonia 2: 328. 1937.

自然分布

巴布亚新几内亚；常见栽培。

鉴别特征

风铃状大花冠，白中带粉。

迁地栽培形态特征

附生缠绕藤本，乳汁白色，植株无毛。

茎 粗2~6mm，无毛，绿色；叶间隔长2~15cm；不定根发达。

叶 对生，深绿，长圆状披针形，8~15cm×4~5cm，基部心形，耳明显，先端渐尖，尾尖明显；中脉在叶背凸起，侧脉隐约可见，4~5对；叶柄圆柱形，15~30mm×2~4mm，具浅槽，扭曲。

花 伞状花序，多年生，伞形，松散，着花10余朵；花序梗较短，长15~40mm，绿色；花梗线形，长约6cm，浅绿色；花萼直径11~12mm，萼片卵形，4.5~5mm×2.5~3mm，顶尖，淡绿色；花冠风铃状，白中带粉，直径约35mm，高约15mm，浅裂，表面被柔毛，背面无毛，裂片阔三角形，约20mm×15mm，边缘反卷；副花冠深紫红色，直径约22mm，高约11mm，裂片线形，拱状弯曲，内角长三角形，长约6mm，反折倚靠在合蕊柱上；子房柱状，高约4mm。

受威胁状况评价

外来种，缺乏数据（DD）。

引种信息

华南植物园　20102807　市场购买。

深圳仙湖植物园　F0024541、F0024485　泰国。

上海植物园　2010-4-0212、2010-4-0213　马来西亚。

西双版纳热带植物园　0020181863　广州中医药大学。

物候信息

勤花，温湿度合适时，全年可开。

华南植物园　生长良好，未见冻害；藤蔓生长较慢；叶常年青绿；花刚开时，白中带粉，后颜色逐渐加深；花寿命长，10~12天。

迁地栽培要点

喜阳，光照良好时，花量明显增多，需温室大棚内栽培，适应性较强，不耐修剪，盆栽或绑树桩攀爬。

扦插易成活，生长速度较慢；空气干燥时，注意补湿。

花易遭介壳虫危害，注意防治。

植物应用评价

大花型，花大靓丽，观赏性好，可应用于藤架或墙（柱）攀爬。

8 澳洲球兰

Hoya australis R. Br. & J. Traill, Trans. Hort. Soc. London 7: 28. 1828.

昆明植物园　　华南植物园奇异室　　华南植物园奇异室

自然分布

澳大利亚；常见栽培。

鉴别特征

辐射花冠白色，常具红芯，两面被毛。

迁地栽培形态特征

附生缠绕藤本，乳汁白色，植株被毛。

🟢 **茎** 基部茎不明显，粗4～6mm，绿色；叶间隔长2～12cm；不定根发达。

🟢 **叶** 对生，肉质，绿色，心形至心状长圆形，6～12cm×5.2～8.2cm，基部心形，先端圆尖，尾尖细短；叶面无毛或被疏毛，叶背被疏毛；中脉在叶背凸起，侧脉羽状，4～5对；叶柄圆柱形，20～30mm×3～5mm，绿色，被毛。

🟢 **花** 伞状花序，多年生，球形，球径6～7cm，着花多朵；花序梗绿色，20～50mm×2～4mm，被毛；花梗线形，长30～32mm，浅绿色，被疏毛；花萼直径约7mm，绿色，被毛；花冠白色，平展，展开直径约20mm，具红芯，深裂，表面被密毛，背面被疏毛，裂片边缘稍反卷；副花冠白色，直径约7mm，高约4mm，不透明，裂片近圆形，表面内侧近圆状凹陷，外角向上抬高，明显高于内角；子房绿色，高约2mm。

受威胁状况评价

外来种，缺乏数据（DD）。

引种信息

　　华南植物园　20102860、20140046　市场购买。

　　深圳仙湖植物园　F0024532　泰国。

　　上海辰山植物园　20102956　上海。

　　昆明植物园　CN20160976　市场购买。

物候信息

　　勤花，温湿度合适时，全年可开。

　　华南植物园　生长良好，未见冻害；藤蔓生长茂盛；叶常年青绿；几全年可开，花量多，花寿命较长，约1周。

　　昆明植物园　花期2～6月。

迁地栽培要点

　　较耐寒，喜阳，需温室大棚内栽培，适应性强，耐修剪，盆栽或绑树桩攀爬。

　　扦插易成活，温度适宜时，生长速度快；空气干燥时，注意补湿。

　　花易遭介壳虫危害，注意防治。

植物应用评价

　　球花型；在 *Hoya australis* complex 中，本种适应性最好，耐修剪，易开花，花量多，耐寒性表现亦优良，可应用于地栽、盆栽或墙（柱）攀爬。

叶　　花序　　花序　　花侧面　　花正面　　新叶

9 石崖球兰

Hoya australis subsp. ***rupicola*** (K. D. Hill) P. I. Forst. & Liddle, Austrobaileya 3: 514. 1991.
Hoya rupicola K. D. Hill. 1988.

自然分布
澳大利亚；常见栽培。

鉴别特征
与原亚种的区别是基部茎明显，叶大肥厚。

迁地栽培形态特征
灌木状藤本，乳汁白色，植株被毛。

茎 基部茎粗壮，粗8~12mm，直立，绿色至土黄色，叶间隔长2~8cm；蔓生茎纤细，粗3~5mm，绿色，叶间隔长12~20cm；不定根发达，可长达10cm及以上。

叶 对生，厚肉质，绿色，长圆状披针形或倒卵形至倒卵状长圆形，9~16cm×3.5~4.5cm，基部宽楔形，先端渐尖，尾尖细短；老叶厚达2~3mm，几无毛，叶面光亮；中脉在叶背凸起，侧脉不清晰；叶柄圆柱形，12~25mm×4~6mm，绿色，被毛。

花 伞状花序，多年生，球形，球径5~6cm，着花多朵；花序梗纤细，20~50mm×2~4mm，绿色，被毛；花梗线形，15~17mm×1.5mm，浅绿色，粗壮，被疏毛；花萼浅绿色，直径约5mm，被毛，萼片卵状三角形，具缘毛；花冠白色，辐射状，直径约16mm，深裂，表面被密毛，背面被疏毛，裂片边缘稍反卷；副花冠乳白色，直径约6mm，高约3mm，不透明，裂片椭圆形，表面内侧椭圆状凹陷，外角向上抬升，明显高于内角，内角圆尖，顶尖细短；子房卵形，高约2mm。

果 未见。

受威胁状况评价
外来种，缺乏数据（DD）。

引种信息
华南植物园 20102704 市场购买。
深圳仙湖植物园 F0024673 上海辰山植物园；F0024355 泰国。
上海植物园 2010-4-0218 上海。

物候信息
华南植物园 生长良好，未见冻害；叶常年青绿，基部茎生长较为缓慢，蔓生茎生长速度快；8~9月中上旬能观测花蕾萌发，花蕾幼年期易脱落，10月至翌年1月，花蕾通常能发育成熟，即能观测到花开，花量稀少；单花寿命较长，长约1周。

迁地栽培要点

喜阳，需温室大棚内栽培，盆栽或绑树桩攀爬。

扦插易成活，温度适宜时，生长速度快；空气干燥时，注意补湿。

易遭介壳虫危害，注意防治。

植物应用评价

灌木型，叶常年青绿，可应用于地栽、盆栽，或墙（柱）攀爬。

基部茎粗壮

蔓生茎纤细

植株　　花序

败育的花蕾　　败育的花蕾　　正常萌发的花蕾

10 萨纳球兰

Hoya australis subsp. *sana* (F. M. Bailey) K. D. Hill, Telopea 3: 251. 1988.
Hoya sana F. M. Bailey. 1897.

自然分布

澳大利亚；常见栽培。

鉴别特征

与原亚种的区别是基部茎明显，叶较小，狭长肥厚。

迁地栽培形态特征

灌木状藤本，乳汁白色，植株被毛。

茎 基部茎粗壮，粗4~8mm，绿色至土黄色，叶间隔长2~6cm；蔓生茎纤细，粗2~4mm，绿色，叶间隔长12~18cm；不定根发达，可长达10cm以上。

叶 对生，厚肉质，绿色，被毛，卵状披针形至长圆状披针形，5~9cm×1.5~2.5cm，基部宽楔形至圆形，先端渐尖，尾尖细长；老叶厚达2~3mm，叶面深绿，叶两面被毛；中脉在叶背凸起，侧脉不清晰；叶柄圆柱形，15~25mm×2~3mm，绿色，被毛。

花 伞状花序，多年生，球形，球径5~6cm，着花多朵；花序梗纤细，30~60mm×2~3mm，被毛；花梗线形，21~23mm×1mm，浅绿色，被毛；花萼浅绿色，直径5~6mm，被毛，萼片线形，长2.5~3mm，具缘毛；花冠白色，辐射状，直径17~18mm，深裂，表面被密柔毛，背面被疏毛，裂片边缘稍反卷；副花冠乳白色，直径约5.5mm，高约3mm，不透明，裂片倒卵形，外角明显向上抬升，内角钝尖，顶尖细长；子房柱形，高约2mm。

果 未见。

受威胁状况评价

外来种，缺乏数据（DD）。

引种信息

华南植物园 20102703 市场购买。
上海辰山植物园 20122956 浙江。
上海植物园 2010-4-0216 马来西亚。

物候信息

华南植物园 生长良好，未见冻害；叶常年青绿；常年可观测到花蕾萌发，花蕾常在幼年期脱落，直至在10月至翌年1月能发育成熟，观测到花开，花量较多；花寿命较长，7~10天。

迁地栽培要点

喜阳，需温室大棚内栽培，适应性强，盆栽或绑树桩攀爬。

扦插易成活，温度适宜时，生长速度快；空气干燥时，注意补湿。

花易遭介壳虫危害，注意防治。

植物应用评价

灌木型，叶常年青绿，可应用于地栽、盆栽，或墙（柱）攀爬。

植株　基部茎　叶　蔓生茎　花序　花的正反面　花刚开时　花序侧面　发达的不定根

11 白沙球兰

Hoya baishaensis Shao Y. He & P. T. Li, Ann. Bot. Fenn. 46: 155. 2009.

自然分布

海南；未见栽培。

鉴别特征

与 *Hoya radicalis* 相似，叶偏小，花浅绿色，副花冠裂片边缘具两对钩，中脊具凸起小钩。

迁地栽培形态特征

附生缠绕藤本，乳汁白色，植株无毛。

🟢 茎 粗 4~8mm，绿色，具光泽；叶间隔长 6~20cm；不定根偶见。

🟢 叶 对生，暗绿，狭卵状两端披针形，12~15cm × 2~2.5cm，基部楔形，先端渐尖，尾尖细长；叶面具光泽；中脉在叶背凸起，侧脉不清晰；叶柄圆柱形，15~30mm × 3~5mm，具浅槽，绿色，扭曲。

🟢 花 伞状花序，多年生，球形，着花 4~6 朵；花序梗粗，40~100mm × 4~6mm，绿色；花梗粗壮，28~30mm × 2mm，无毛；花萼直径 14~15mm，萼片卵状长圆形，龙骨状，钝尖，具缘毛；花冠黄绿色，辐射状，直径 31~32mm，深裂至基部，表面被短柔毛，背面无毛，裂片两侧边缘稍向背面反卷；副花冠平展，直径约 11mm，高约 6mm，裂片厚肉质，外角表面边缘向上抬升，中部及内侧各具一对细钩，中脊隆起，从起点至内角处常凸起多个不规则的小钩，外角高约 1.5mm，内角高约 3mm，内角顶尖细长，高约 2mm；子房圆柱状，约 2mm × 2mm，光滑无毛。

受威胁状况评价

中国原生种，缺乏数据（DD）。

引种信息

华南植物园　20091570　海南。

物候信息

华南植物园　一直保育于简易大棚内，偶见花序梗萌发，未见继续发育；2021年4月放置于有太阳直照的户外，于2021年9月首次观测到一花序开花，着花5朵；花大芳香，单花寿命较长，约1周。

迁地栽培要点

较耐寒，喜阳，适应性强，开花可能需长时间太阳直射，盆栽或绑树桩攀爬。

扦插易成活，温度适宜时，生长速度快；空气干燥时，注意补湿。

植物应用评价

大花型，可应用于藤架或墙（柱）攀爬。

有观点认为本种与荷秋藤为同一个种，基于迁地保育于华南植物园的活体植株形态的持续观测，本种叶明显偏小，副花冠裂片边缘具2对钩及中脊具多个凸起钩状物，故本志书建议保留本种。

12 巴拉球兰

Hoya balaensis Kidyoo & Thaithong, Blumea 52: 327. 2007.

自然分布

泰国南部；常见栽培。

鉴别特征

与 *Hoya fuscomarginata* 相似，叶缘无褐色斑点，副花冠浅紫色。

迁地栽培形态特征

附生缠绕藤本，乳汁白色，植株无毛。

🟢 茎 粗糙，粗2~6mm，灰褐色至土黄色；叶间隔长达10~20cm；不定根发达，短。

🟢 叶 大型，对生，绿色，心形至心状圆形，或阔卵形至近圆形，9~15cm×7.7~14cm，基部心形或圆形，先端圆尖，尾尖细长，长8~12mm；基出三脉，浅绿色；叶柄圆柱形，10~20mm×4~6mm，粗壮。

🟢 花 伞状花序，多年生，球形，着花超过30朵；花序梗短，10~30mm×2~3mm；花梗线形，长19~20mm，浅绿；花萼直径3~4mm，萼片三角形，浅绿色；花冠黄色，平展，直径约13mm，浓香，深裂，表面被柔毛，背面无毛，裂片顶尖反折；副花冠浅紫色，扁平，直径约8mm，高约1.5mm，裂片卵状披针形，外角略向上反折，内角圆尖，顶尖细短；子房高约1mm。

受威胁状况评价

外来种，缺乏数据（DD）。

引种信息

华南植物园　20121217 市场购买。

物候信息

勤花，温湿度合适时，全年可开。

华南植物园　生长良好，未见冻害；花期3~12月，花量较少；花寿命较短，1~2天。

迁地栽培要点

喜阳，需温室大棚内栽培，适应性强，盆栽或绑树桩攀爬。

扦插易成活，温度适宜时，生长速度快；空气干燥时，注意补湿。

植物应用评价

球花型，可应用于藤架或墙（柱）攀爬。

植株
叶
叶
花扁平，副花冠浅紫色
花
花的背面

13 贝布斯球兰

Hoya bebsguevarrae Kloppenb. & Carandang, Hoya New 1: 3. 2013.

植株　叶

自然分布

菲律宾；常见栽培。

鉴别特征

与 *Hoya camphorifolia* 相似，花较大，花冠完全反折。

迁地栽培形态特征

附生藤本，乳汁白色，植株无毛。

- 🟢 茎　纤细，粗1~3mm，绿色至橄榄绿色；叶间隔长2~8cm；不定根密而发达。
- 🟢 叶　对生，肉质，长圆形至倒椭圆形，6~10cm × 2.2~4.5cm；基部圆或宽楔形，先端圆尖，尾尖细短；基出三脉，浅绿色；叶柄圆柱形，10~20mm×3~4mm，粗壮，扭曲。

🌼 **花** 伞状花序，多年生，球形，球径4~4.5cm，着花约30朵；花序梗纤细，20~80mm×1~2mm；花梗线形，12~15mm×0.5mm，纤细，常密被红色斑点；花萼直径约4mm，萼片三角形，顶尖；花冠白中带粉，完全反折，高约5mm，展开直径9~10mm，中裂，表面被短柔毛，背面无毛，顶尖反折；副花冠白色，直径约4.5mm，具红芯，裂片卵形，拱状，表面内侧狭卵状凹陷，外角钝尖，明显高于内角，外角圆尖，顶尖细长；子房短，高不超过1mm。

受威胁状况评价

外来种，缺乏数据（DD）。

引种信息

华南植物园 20142169 市场购买。

物候信息

勤花，温湿度合适时，全年可开。

华南植物园 生长良好，未见冻害；花期3~12月，花量较多；花寿命短，1~2天。

迁地栽培要点

喜阳，较耐阴，需温室大棚内栽培，适应性强，盆栽或绑树桩攀爬。

扦插易成活，温湿度适宜时，生长速度快；空气干燥时，注意补湿。

植物应用评价

球花型，可应用于垂吊栽培。

14 贝卡里球兰

Hoya beccarii Rodda & Simonsson, Webbia 68: 13. 2013.

自然分布

马来西亚群岛和爪哇；常见栽培。

鉴别特征

与 *Hoya revoluta* 相似，花序表面凹陷，松散。

迁地栽培形态特征

附生小藤本，乳汁白色，被疏柔毛。

🌿 茎 粗糙，纤细，粗1~2mm，橄榄绿色，被疏柔毛和黑褐色斑点；叶间隔长6~10cm；不定根发达。

🍃 叶 对生，灰绿色，厚肉质，卵状披针形至卵状长圆状披针形，50~120mm×16~26mm，基部楔形，具长达20mm的狭基，先端渐尖，尾尖细长；叶面光亮，具缘毛；叶脉不清晰；叶柄较短，5~10mm×2mm，被毛。

🌸 花 伞状花序，多年生，伞形，表面凹陷，松散，球径7~8cm，着花20余朵；花序梗较长，20~80mm×1mm，被疏柔毛；花梗拱状，长45~5mm，无毛，外围远长于内围；花萼直径约3mm，萼片顶尖；花冠浅黄色，薄，完全反折，高约4mm，直径展开约6mm，深裂，表面被柔毛，背面无毛，裂片边缘及顶尖反卷；副花冠双裂片，浅黄色，直径约4mm，高约2mm，具红芯，下裂片细长，2倍于上裂片；子房高约1mm。

受威胁状况评价

外来种，缺乏数据（DD）。

引种信息

华南植物园　20121358　市场购买。

深圳仙湖植物园　F0024482　泰国。

物候信息

勤花，温湿度合适时，全年可开。

华南植物园　生长良好，未见冻害；花期3~12月，花量较多；花寿命较长，约1周。

迁地栽培要点

喜阳，亦耐阴，需温室大棚内栽培，适应性强，盆栽或绑树桩攀爬。

扦插易成活，温湿度适宜时，生长速度较快；空气干燥时，注意补湿。

植物应用评价

双裂型，可应用于悬吊观赏。

本种引种拉丁名为 *Hoya revoluta*，后者花序扁平紧凑，非凹陷松散。

15 贝拉球兰

Hoya bella Hook., Bot. Mag. 74: t. 4402. 1848.

自然分布

缅甸；常见栽培。

鉴别特征

下垂灌木，花序一年生，平展花冠白色，副花冠半透明。

迁地栽培形态特征

附生下垂灌木，乳汁白色，植株被毛。

🌿 茎 粗3～6mm，绿色，被毛；叶间隔长1～3cm；不定根偶见，短。

🌿 叶 对生，偶见三叶轮生，绿色，肉质，卵状披针形，10～25mm×6～11mm，基部圆形，先端渐尖；叶面被疏毛，叶背毛较为密集，具缘毛；中脉在叶背凸起，侧脉不清晰；叶柄短，长3～5mm，纤细，被毛。

🌸 花 伞状花序，一年生，顶生和腋生，表面扁平，球径50～55mm，着花约7朵；花序梗长50～15mm，被毛；花梗拱状，长30～16mm，外围长于内围，被疏毛；花萼直径7～8mm，萼片狭卵形，顶尖，浅绿色，被毛；花冠白色，平展，直径约16mm，中裂，表面被毛，背面无毛，裂片边缘稍反卷；副花冠紫红色，平展，直径约7mm，高约3mm，稍透明，裂片卵形，表面内侧卵状凹陷，外角圆，稍高于内角，内角圆尖，顶尖线形，倚靠在合蕊柱上；子房高约2mm。

🌰 果 未见。

受威胁状况评价

外来种，缺乏数据（DD）；易受环境影响，或滥采而致危，建议调整至易危（VU）。

引种信息

华南植物园 20085175、20102714 市场购买；20182305 赠送。

深圳仙湖植物园 F0024380、F0024379、F0024382 泰国。

上海植物园 2010-4-0219 马来西亚。

上海辰山植物园 20120478 上海；20102948、20120479、20120480 泰国。

昆明植物园 CN20160977 市场购买。

物候信息

华南植物园 生长良好，未见冻害；茎生长速度快，易发枝；花量较多，花期5～7月；花寿命较长，长达10天左右。

昆明植物园 花期5～7月。

迁地栽培要点

较耐寒，喜阳，亦耐阴，需温室大棚内栽培，适应性较强，盆栽或板植。

扦插易成活，温度适宜时，生长速度快；空气干燥时，注意补湿。

对基质的湿度和透水性敏感，根系易发生病变或虫害。

植物应用评价

灌木型，可应用于地栽、盆栽和附生墙（柱）观赏。

63

16 本格特球兰

Hoya benguetensis Schltr., Philipp. J. Sci. 1(Suppl.): 301. 1906.

植株　叶　叶红色　下垂花序

自然分布

菲律宾吕宋岛本格特省；常见栽培。

鉴别特征

与 *Hoya purpureo-fusca* 相似，花序松散，花橙红色。

迁地栽培形态特征

附生缠绕藤本，乳汁白色，植株无毛。

茎 粗糙，粗2~4mm；叶间隔长4~8cm；不定根发达，较短。

叶 对生，肉质，绿色至红色，长圆形，或倒卵状长圆形，12~20cm×4~5.5cm，基部宽楔形，或心形，先端钝尖，尾尖细短；掌状脉，2~3对，浅绿色；叶柄圆柱形，长15~30mm，扭曲。

花 伞状花序，多年生，伞形，球径4~5cm，着花10余朵；花序梗长3~6cm；花梗线形，长24~25mm，浅绿色；花萼直径约7mm，萼片阔卵形，钝尖；花冠橙红色，完全反折，高9~10mm，展开直径约18mm，表面被短柔毛，背面无毛，裂片顶尖反卷；副花冠扁平，紫红色，直径约9mm，高约4mm，裂片卵形，较厚，表面中脊断续隆起，外角钝尖，几等高于内角，内角圆尖，顶尖极短；子房高约1.5mm。

果 未见。

受威胁状况评价

外来种，缺乏数据（DD）。

引种信息

华南植物园 20102711 市场购买。

深圳仙湖植物园 F0024429 泰国。

上海辰山植物园 20122958 浙江。

昆明植物园 CN20160979 市场购买。

物候信息

勤花，温湿度合适时，全年可开。

华南植物园 生长良好，未见冻害；茎生长茂盛，易抽枝；叶常年偏红；温度高于20℃，可观测到花开；花寿命较短，3~4天。

迁地栽培要点

喜阳，亦耐阴，需温室大棚内栽培，适应性强，盆栽或墙（柱）攀爬。

扦插易成活，温度适宜时，生长速度快；空气干燥时，注意补湿。

植物应用评价

观叶型，花艳丽，可应用于悬吊观赏或藤架或墙（柱）攀爬。

17 谭氏球兰

Hoya benitotanii Kloppenb., Gard. Bull. Singapore 61(2): 330 (-332; figs. 3-4). 2010.

自然分布

菲律宾及马来西亚；常见栽培。

鉴别特征

副花冠双裂片，茎粗壮，反折花冠黄色。

迁地栽培形态特征

附生缠绕藤本，乳汁白色，植株无毛。

茎 粗壮，粗4~8mm，亮绿色；叶间隔长8~16cm；不定根发达，长可达15cm以上。

叶 对生，肉质，亮绿色，卵状披针形至长圆形，70~150mm×35~50mm，基部圆，先端渐尖或急尖，尾尖细长，长达10mm；中脉在叶背凸起，侧脉隐约可见，4~5对；叶柄圆柱形，10~20mm×3~4mm，粗壮，扭曲。

花 伞状花序，多年生，表面扁平，紧凑，球径约5cm，着花20余朵；花序梗极长，120~150mm×2mm；花梗拱形，长25~5mm，外围长于内围，浅绿色；花冠正黄色，完全反折，冠径约6mm，高约7mm，表面被长柔毛，背面无毛，裂片顶尖反折；副花冠双裂片，黄色，直径约5mm，高约3mm，具浅红芯，裂片外角明显低于内角，下裂片从底部伸出。

受威胁状况评价

外来种，缺乏数据（DD）。

引种信息

  华南植物园 20121303 市场购买。
  深圳仙湖植物园 F0024409 泰国。
  上海辰山植物园 20120516 泰国。

物候信息

勤花，温湿度合适时，全年可开。
  华南植物园 生长良好，观测到轻微冻害；茎生长旺盛；叶常年青绿；几全年可观测到花开，花量稀少；花寿命较长，约10天。

迁地栽培要点

较喜阳，亦耐阴，需温室大棚内栽培，适应性强，盆栽或绑树桩攀爬。
扦插易成活，温度适宜时，生长速度快；空气干燥时，注意补湿。

植物应用评价

双裂型，可应用于悬吊观赏，或藤架或墙（柱）攀爬。

国内引种拉丁名常记录为 *Hoya gigantangensis*。

18 不丹球兰

Hoya bhutanica Grierson & D. G. Long, Notes Roy. Bot. Gard. Edinburgh 37: 353. 1979.

植株　叶　花蕾

自然分布

不丹；常见栽培

鉴别特征

与 *Hoya verticillata* 相似，叶明显较小，花球偏小，着花数量亦较少。

迁地栽培形态特征

附生缠绕小藤本，乳汁白色，植株几无毛。

🌱 粗2~5mm，绿色；叶间隔长3~12cm；不定根发达。

🍃 对生，肉质，长圆形，6~8cm×2.8~3.1cm，基部圆形，先端钝尖，尾尖短小；基出三脉，浅绿色；叶柄较短，8~12mm×3~4mm，扭曲。

🌸 伞状花序，多年生，近球形，球径约30mm，着花10余朵；花序梗较短，长2~4cm；花梗线形，长12~15mm，无毛；花萼直径3~4mm，萼片卵形，顶锐尖；花冠白色至黄绿色，完全反折，高约7mm，展开直径约16mm，深裂，表面被短柔毛，背面无毛，裂片顶尖反卷；副花冠白色，直径约7mm，具红芯或无，稍透明，裂片卵状披针形，斜立，外角锐尖，向上拱状弯曲，内角圆尖，顶尖细短；子房柱状，高约1.2mm。

受威胁状况评价

外来种，濒危（EN）。

引种信息

华南植物园 20121318、20121354 市场购买。

物候信息

勤花，温湿度合适时，全年可开。

华南植物园 生长良好，未见冻害；茎生长旺盛，易发枝；几全年可观测到花开；花寿命短，1~2天。

迁地栽培要点

喜阳，亦耐阴，需温室大棚内栽培，适应性强，盆栽或绑树桩攀爬。

扦插易成活，温度适宜时，生长速度快；空气干燥时，注意补湿。

植物应用评价

球花型，叶常年青绿，观赏性好，可应用于藤架或墙（柱）攀爬。

花序　　　球形花序　　　花

19 双裂球兰

Hoya bilobata Schltr., Philipp. J. Sci. 1(Suppl.): 301. 1906.

自然分布

菲律宾群岛；常见栽培。

鉴别特征

双裂片，小卵叶，花球及花偏小，反折花冠粉红色。

迁地栽培形态特征

附生小藤本，乳汁白色，植株被柔毛。

茎 纤细，匍匐状缠绕，粗1~3mm，被柔毛；叶间隔长2~6cm；不定根发达。

叶 对生，肉质，卵状披针形至卵形，25~36mm×12~18mm，基部楔形至宽楔形，具短狭基，先端急尖，尾尖极短；中脉在叶背凸起，侧脉羽状，浅绿色，隐约可见；叶柄纤细，4~8mm×1mm，被柔毛。

花 伞状花序，多年生，扁平，紧凑，球径20~25mm，着花约20朵；花序梗细长，长10~80mm，被柔毛；花梗拱状，长12~6mm，外围明显长于内围，无毛；花萼直径约2mm，萼片细长，顶锐尖；花冠粉色，完全反折，展开直径约5mm，高约2mm，表面被毛，背面无毛，裂片顶尖反折；副花冠双裂片，黄中带红，直径约2mm，高约1mm，具红芯，下裂片稍伸出；子房小，高约0.8mm。

受威胁状况评价

外来种，缺乏数据（DD）。

引种信息

华南植物园　20121319、20102825 市场购买。

深圳仙湖植物园　F0024497 泰国；F0024663 漳州。

物候信息

勤花，温湿度合适时，全年可开。

华南植物园　生长良好，有轻微冻害；茎生长旺盛，易抽枝；几全年可观测到花开，花量较多；花寿命较长，约1周。

迁地栽培要点

较不耐寒，需温室大棚内栽培，适应性强，盆栽或绑树桩攀爬。

扦插易成活，温湿度适宜时，生长速度快；空气干燥时，注意补湿。

植物应用评价

双裂型，可应用于悬吊观赏。

20
布拉轩球兰

Hoya blashernaezii Kloppenb., Fraterna 12: 9. 1999.

自然分布

菲律宾；常见栽培。

鉴别特征

钟状花冠浅黄色，副花冠卵状披针形。

迁地栽培形态特征

附生缠绕小藤本，乳汁白色，植株无毛。

茎 粗糙，粗2~3mm，绿色；叶间隔长6~8cm；不定根发达。

叶 对生，肉质，狭椭圆形至长圆形，或狭椭圆状披针形，9~12cm×1.8~2.5cm，基部圆形或宽楔形，先端急尖或渐尖，尾尖长；叶脉浅绿色，侧脉2对；叶柄圆柱形，10~20mm×2~3mm，粗壮，扭曲。

花 伞状花序，多年生，伞形，松散，着花20余朵；花序梗细长，90~150cm×1cm，绿色，无毛；花梗线形，长25~26mm，浅绿；花萼直径3~4mm，萼片卵状披针形；花冠浅黄色，钟状，冠口直径约10mm，高约5mm，展开直径约16mm，中裂，表面几无毛，背面无毛，裂片边缘反卷；副花冠黄色，直径约6mm，高约4mm，裂片卵状披针形，斜立，外角锐尖，内角圆尖，顶尖极短；子房小，高约1mm。

果 未见。

受威胁状况评价

外来种，缺乏数据（DD）。

引种信息

华南植物园　20102712 市场购买。

深圳仙湖植物园　F0024319 漳州。

上海辰山植物园　20120481、20130362 泰国。

昆明植物园　CN20160981 市场购买。

物候信息

勤花，温湿度合适时，全年可开。

华南植物园　生长良好，未见冻害；几全年可观测到花开，花序更新快，温湿度合适时，约20天可更新1轮；花寿命短，1~2天。

迁地栽培要点

喜阳，亦耐阴，需温室大棚内栽培，适应性强，盆栽或绑树桩攀爬。

扦插易成活，温度适宜时，生长速度快；空气干燥时，注意补湿。

植物应用评价

钟花型，可应用于悬吊观赏。

21 希雅球兰

Hoya blashernaezii subsp. *siariae* (Kloppenb.) Kloppenb., Hoya New 2: 50. 2014.
Hoya siariae Kloppenb. 2002.

自然分布

菲律宾吕宋岛；常见栽培。

鉴别特征

与原亚种的区别是花橙红色至深红色。

迁地栽培形态特征

附生缠绕小藤本，乳汁白色，植株无毛。

茎 粗糙，粗2~4mm，幼茎常被红色斑点；叶间隔长6~8cm；不定根发达。

叶 对生，肉质，狭椭圆形至长圆形，7~12cm×2~2.5cm，基部宽楔形，先端急尖，尾尖长；叶面常被红色斑点而呈红色；叶脉浅绿色，侧脉1~2对；叶柄圆柱形，10~20mm×2~3mm，粗壮，扭曲。

花 伞状花序，多年生，伞形，松散，球径约50mm，着花10余朵；花序梗纤细，长40~80cm，绿色；花梗线形，长25~26mm；花萼直径约4mm，萼片线形；花冠橙红色至深红色，钟形，直径11~12mm，压扁后直径约18mm，高6~7mm，中裂，表面被毛，背面无毛，裂片边缘反卷；副花冠紫红色，直径约7mm，高约3mm，裂片卵状披针形，斜立，外角渐尖，内角圆，顶尖极短；子房锥形，高约1.2mm。

果 未见。

受威胁状况评价

外来种，缺乏数据（DD）。

引种信息

华南植物园 20160215 深圳仙湖植物园。
深圳仙湖植物园 F0024480 泰国；F0024346 漳州；F0024462 泰国。
上海植物园 2010-4-0302 马来西亚。
上海辰山植物园 20120581 泰国。
厦门市园林植物园 缺引种信息。

物候信息

勤花，温湿度合适时，全年可开。
华南植物园 生长良好，未见冻害；茎生长较慢；叶常年偏红；几全年可观测到花开，花序更新快；温湿度合适时，15~20天可更新1轮；花寿命短，1~2天。

迁地栽培要点

喜阳，亦耐阴，需温室大棚内栽培，适应性强，盆栽或绑树桩攀爬。

扦插易成活，温度适宜时，生长速度快；空气干燥时，注意补湿。

植物应用评价

钟花型，易开花，花色艳红，可应用于悬吊观赏。

22 巴尔马约球兰

Hoya blashernaezii subsp. *valmayoriana* (Kloppenb., Guevarra & Carandang) Kloppenb., Guevarra & Carandang, Hoya New 2: 10. 2014.
Hoya valmayoriana Kloppenb. & Guevarra & Carandang. 2013.

自然分布

菲律宾；常见栽培。

鉴别特征

与原亚种的区别是花橙红色至深红色，花冠完全反折。

迁地栽培形态特征

附生缠绕小藤本，乳汁白色，植株无毛。

茎 粗糙，粗2~4mm，无毛；叶间隔长6~12cm；不定根发达。

叶 对生，肉质，狭长圆形，12~15cm×2~2.5cm，基部宽楔形至近圆形，先端披针状，尾尖细长；叶脉浅绿色，侧脉1~2对；叶柄圆柱形，10~15mm×3~4mm，粗壮，扭曲。

花 伞状花序，多年生，伞形，松散，球径约50mm，着花20余朵；花序梗纤细，长6~12cm，绿色，无毛；花梗线形，长25~26mm，浅绿，无毛；花萼直径约4mm，萼片短三角形；花冠橙色至酒红色，完全反折，高约6mm，展开直径约15mm，浓香，中裂，表面被柔毛，背面无毛，裂片边缘反卷；副花冠紫红色，直径约6mm，裂片卵状披针形，斜立，外角渐尖，内角圆，顶尖极短；子房小，高约1mm。

果 未见。

受威胁状况评价

外来种，缺乏数据（DD）。

引种信息

华南植物园 20121320 市场购买。

上海辰山植物园 20122959 浙江。

物候信息

勤花，温湿度合适时，全年可开。

华南植物园 生长良好，未见冻害；叶常年偏红；几全年可观测到花开，花量较多；花寿命短，1~2天。

迁地栽培要点

喜阳，亦耐阴，需温室大棚内栽培，适应性强，盆栽或绑树桩攀爬。

扦插易成活，温度适宜时，生长速度快；空气干燥时，注意补湿。

植物应用评价

艳花型，可应用于悬吊观赏。

23 波特球兰

Hoya buotii Kloppenb., Fraterna 15: 1. 2002.

自然分布

菲律宾吕宋岛；常见栽培。

鉴别特征

与 *Hoya alagensis* 极相似，叶较小，副花冠直立。

迁地栽培形态特征

附生缠绕藤本，乳汁白色，植株除叶柄和花序梗外无毛。

🟢 茎 纤细，粗2~4mm，绿色，无毛，具光泽；叶间隔长4~15cm；不定根稀缺。

🟢 叶 对生，绿色，薄肉质，椭圆状披针形，8~12cm×3.2~4.8cm，基部圆形，先端渐尖，尾尖细长，长达15~20mm；中脉和侧脉在叶背凸起，羽状脉5~6对；叶柄圆柱形，长1~2cm，具浅槽，被疏毛或几无毛。

🟢 花 伞状花序，多年生，球形，球径约8cm，着花40余朵；花序梗较短，长0.5~5cm，被毛；花梗线形，长约30mm，无毛；花萼直径5~6mm，萼片三角形，钝尖，被疏毛，具缘毛；花冠黄色，扁平，直径24~25mm，深裂，表面被长柔毛，背面无毛，裂片边缘反卷；副花冠直立，直径约11mm，高约5mm，具红芯，裂片椭圆形，斜立，中脊明显隆起；子房柱状，高约2mm。

受威胁状况评价

外来种，缺乏数据（DD）。

引种信息

华南植物园 20102713 市场购买。
深圳仙湖植物园 F0024590、F0024585 泰国。
上海辰山植物园 20122959 浙江。
昆明植物园 CN20160982 市场购买。

物候信息

勤花，温湿度合适时，全年可开。
华南植物园 生长良好，未见冻害；茎生长速度快，易发枝；叶常年青绿；花期3~12月；花寿命较长，约1周。

迁地栽培要点

喜阳，亦耐阴，需温室大棚内栽培，适应性强，盆栽或绑树桩攀爬。
扦插易成活，温度适宜时，生长速度快；空气干燥时，注意补湿。

植物应用评价

球花型,适应性强,观赏性好,可应用于藤架或墙(柱)攀爬。

24 缅甸球兰

Hoya burmanica Rolfe, Bull. Misc. Inform. Kew 1920: 343. 1920.

自然分布

缅甸；常见栽培。

鉴别特征

与 *Hoya pandurata* 相似，叶卵状披针形，辐射花冠黄色，偏小。

迁地栽培形态特征

附生下垂灌木，乳汁白色，植株被柔毛。

茎 下垂，粗3~6mm，长50~80mm，绿色，被柔毛；叶间隔长3~5cm；不定根偶见。

叶 对生，肉质，几无毛，狭卵状披针形，40~70mm×9~11mm，基部圆，先端渐尖；叶两面被毛，叶背更密集，具缘毛；中脉在叶背凸起，侧脉不明显；叶柄纤细，3~4mm，被疏毛。

花 伞状花序，多年生，球形，着花5~7朵；花序梗短，长20~30mm，被毛，易脱落；花梗线形，长约10mm；花萼直径约5mm，浅绿色，被毛，萼片卵状披针形，顶尖；花冠近钟状，黄色，直径约10mm，深裂，表面被毛，背面无毛，裂片边缘稍反卷；副花冠黄色，平展，直径约4mm，高约2mm，具红芯，裂片椭圆形，拱状，表面内侧椭圆状凹陷，外角圆，明显向上抬高，内角圆尖，顶尖三角形；子房卵形，高约1mm。

果 未见。

受威胁状况评价

外来种，濒危（EN）。

引种信息

华南植物园　20102850　市场购买。
深圳仙湖植物园　F0024360　泰国。
上海植物园　20120482　泰国。
昆明植物园　CN20160983　市场购买。

物候信息

华南植物园　生长良好，未见冻害；叶常年青绿；花期8~10月，花量多；花寿命较长，10天左右。
昆明植物园　花期6~9月。

迁地栽培要点

较耐寒，喜阳，亦耐阴，适应性较好，盆栽或板植。

扦插易成活，空气干燥时，注意补湿。

对基质的湿度和透水性敏感，根系易发生病变或虫害。

植物应用评价

灌木型，可应用于悬吊和附生墙（柱）观赏。

缅甸球兰

栽培上，有一种常被记录为 *Hoya burmanica* SV474，来源不详，国内有引种（华南植物园20114516、昆明植物园CN20160983），*H. burmanica* SV474植株被毛明显，叶相对更宽更短；此外，华南植物园20160703（引自盈江）是与曾于2019年被发表为中国新记录的 *H. burmanica* 是同种植物，观测这3种植株的形态，叶和花有明显差别（如图），故编者认为还需进一步进行分类学研究，本志书暂不处理，描述依据仅限于来源于缅甸的植株。

Hoya burmanica SV474

华南植物图20160703　　　　　　　　　　　　三种植物的区别

25 美叶球兰

Hoya callistophylla T. Green, Fraterna 13: 2. 2000

自然分布

沙巴；常见栽培。

鉴别特征

与 *Hoya incrassata* 相似，叶脉明显，叶缘粗糙。

迁地栽培形态特征

缠绕藤本，乳汁白色，被毛。

🌿 **茎** 粗糙，粗2~5mm，橄榄绿色至灰白色，被毛；叶间隔长6~15cm；不定根发达，短。

🌿 **叶** 对生，绿色，椭圆形或长椭圆形，9~19cm×5~6.5cm，基部楔形，具长狭基，先端钝尖，尾尖细长，长5~15mm；叶面常被白斑，叶缘粗糙；叶两面被疏毛，叶背更密集，具缘毛；叶脉深绿色，羽状脉6~7对；叶柄圆柱状，10~20mm×4~6mm，被疏毛。

🌸 **花** 伞状花序，多年生，球形，球径约45mm，着花20~30朵；花序梗较短，10~30mm×2~4mm，被毛；花梗线形，长16~17mm，被疏毛；花萼直径约4mm，萼片卵状三角形；花冠浅黄色，完全反折，高约6mm，展开直径10~11mm，中裂，表面被短柔毛，背面无毛，裂片常为褐红色，边缘反卷，顶尖反折；副花冠白色，扁平，直径约6mm，高约2mm，裂片卵状披针形，外角渐尖，顶尖向下反卷，几等高于内角，内角顶尖极短；子房锥形，高约1.5mm，顶尖。

受威胁状况评价

外来种，缺乏数据（DD）。

引种信息

华南植物园　20102754　市场购买。

深圳仙湖植物园　F0024658　漳州。

上海植物园　2010-4-0265　马来西亚。

上海辰山植物园　20120484　泰国。

昆明植物园　CN20160985　市场购买。

物候信息

勤花，温湿度合适时，全年可开。

华南植物园　生长良好，轻微冻害；叶深绿色，阳光下或昼夜温差大时，常密披红色斑点；花期4~11月；花寿命短，2~3天。

迁地栽培要点

较喜阳，亦耐阴，需温室大棚内栽培，盆栽或墙（柱）攀爬。

扦插易成活，温度适宜时，生长速度快；空气干燥时，注意补湿。

植物应用评价

观叶型，可应用于悬吊或墙（柱）攀爬。

26
钟花球兰

Hoya campanulata Blume, Bijdr. Fl. Ned. Ind. 1064. 1826.

自然分布

马来半岛、苏门答腊、爪哇、婆罗洲等；常见栽培。

鉴别特征

灌木状藤本，钟形花冠，花浅黄色。

迁地栽培形态特征

附生灌木状藤本，乳汁白色，有毛或无毛。

🌱 二态茎明显；基部茎粗4~7mm，绿色，无毛，叶间隔较密集，长2~6cm；蔓生茎细长，粗1.5~3mm，绿色，被毛，叶间隔长10~20cm；不定根稀缺。

🍃 对生，深绿，薄肉质，长圆形，10~15cm×4~6cm，基部圆或楔形，先端钝尖，尾尖细长；叶片无毛，叶面粗糙；中脉在叶背凸起，羽状脉隐约在叶面凸起，4~6对；叶柄短，长5~15mm，具槽，绿色，无毛或有毛。

🌸 伞状花序，多年生，腋生或顶生，球形，着花15~20朵；花序梗短，长5~20mm，无毛或有毛；花梗线形，长约3cm，无毛；花萼直径5~6mm，萼片线形，无毛，具缘毛；花冠浅黄色，钟状，直径约18mm，高约16mm，浅裂，表面被短柔毛，背面无毛，裂片反卷不明显；副花冠浅黄色，直径10~11mm，高约3mm，具红芯，裂片线形，拱状，外角圆，明显高于内角，内角顶尖短三角形。

受威胁状况评价

外来种，缺乏数据（DD）。

引种信息

华南植物园　20111767、20102722、20121325　市场购买。

深圳仙湖植物园　F0024584　泰国。

上海辰山植物园　20120486　泰国。

昆明植物园　缺引种号　市场购买。

物候信息

勤花，温湿度合适时，全年可开。

华南植物园　生长良好，未见冻害；叶常年青绿；花期4~11月；单花寿命较长，约1周。

昆明植物园　花期2~3月。

迁地栽培要点

喜阳，亦耐阴，需温室大棚内栽培，适应性强，盆栽或墙（柱）攀爬。

扦插易成活，温度适宜时，生长速度快；空气干燥时，注意补湿。

植物应用评价

钟花型，可应用于悬吊观赏或藤架（墙柱）攀爬。

27 樟叶球兰

Hoya camphorifolia Warb., Fragm. Fl. Philipp. 1:129. 1905.

自然分布

菲律宾群岛；常见栽培。

鉴别特征

樟形叶，花小，辐射花冠紫红色。

迁地栽培形态特征

附生小藤本，乳汁白色，植株无毛。

茎 纤细，粗1~3mm，绿色，无毛；叶间隔长2~12cm；不定根发达。

叶 对生，绿色，肉质，倒卵状长圆形至卵状长圆形，7~10cm×2.5~3cm；基部圆至宽楔形，先端钝尖，尾尖细长；基出脉，约2对，浅绿色；叶柄圆柱形，8~12mm×2~3mm，粗壮，扭曲。

花 伞状花序，多年生，球形，球径约35mm，着花20余朵；花序梗纤细，长3~5cm，无毛；花梗线形，长约10mm，浅绿色，无毛；花萼直径约4mm，萼片线形，顶尖；花冠近钟状，小，紫红色，展开直径7~8mm，深裂，表面被短柔毛，背面无毛，裂片边缘反卷；副花冠直立，直径约3mm，具红芯，裂片卵形，拱状，上表面内侧椭圆状凹陷，外角钝尖，向上反卷，内角圆尖，顶尖细短；子房小，高约1mm。

受威胁状况评价

外来种，缺乏数据（DD）。

引种信息

华南植物园　20102721 市场购买。
深圳仙湖植物园　F0024306 漳州。
上海植物园　2010-4-0223 马来西亚。
昆明植物园　CN20160988 市场购买。

物候信息

勤花，温湿度合适时，全年可开。
华南植物园　生长良好，未见冻害；茎生长旺盛，易发枝；花期3~12月，花量较多；花寿命短，1~2天。

迁地栽培要点

喜阳，亦耐阴，需温室大棚内栽培，适应性强，盆栽或绑树桩攀爬。
扦插易成活，温湿度适宜时，生长速度快；空气干燥时，注意补湿。

植物应用评价

观叶型，可应用于藤架或墙（柱）攀爬。

28 洋心叶球兰

Hoya cardiophylla Merr., Philipp. J. Sci. 17: 310. 1921.

自然分布
菲律宾吕宋岛；常见栽培。

鉴别特征
与 *Hoya incrassata* 相似，叶基部心形至圆形，花序着花数量明显较少，松散。

迁地栽培形态特征
附生缠绕藤本，乳汁白色，植株几无毛。

茎 粗糙，粗3~6mm，绿色至土黄色，幼时被疏柔毛；叶间隔长2~15cm；不定根发达。

叶 对生，肉质，心形至心状椭圆形，10~15cm×6.2~8cm，基部近心形至圆形，先端钝尖，尾尖细长；叶几无毛，具缘毛；中脉在叶背凸起，侧脉羽状，5~6对，隐约可见；叶柄圆柱形，15~30mm×5~6mm，粗壮，幼时被疏柔毛。

花 伞状花序，多年生，半球形，松散，球径约4cm，着花20余朵；花序梗10~60mm×3~4mm，绿色；花梗线形，长17~18mm，浅绿色；花萼直径约4mm，萼片线形；花冠黄色，完全反折，高约5mm，展开直径约11mm，深裂，表面被毛，背面无毛，裂片先端深红色，顶尖反折；副花冠扁平，白色，直径约5mm，高约1.5mm，稍透明，裂片卵形，外角钝，内角圆尖，顶尖细短；子房高约1mm，细短。

受威胁状况评价
外来种，缺乏数据（DD）。

引种信息
华南植物园 20102809 市场购买。
昆明植物园 CN20160989 市场购买。

物候信息
勤花，温湿度合适时，全年可开。
华南植物园 生长良好，未见冻害；茎生长旺盛；花期3~12月；花寿命短，2~3天。

迁地栽培要点
喜阳，亦耐阴，需温室大棚内栽培，适应性强，盆栽或绑树桩攀爬。
扦插易成活，温度适宜时，生长速度快；空气干燥时，注意补湿。

植物应用评价
球花型，可应用于藤架或墙（柱）攀爬。

29 球兰

Hoya carnosa (L. f.) R. Br., Prodr. 460. 1810.
Asclepias carnosa L. f.. 1782.
Hoya carnosa var. *gushanica* W. Xu. 1989.

自然分布

中国南部；常见栽培。

鉴别特征

缺乳汁，扁平花冠白色至浅粉色，子房被疏毛。

迁地栽培形态特征

附生缠绕藤本，缺乳汁，植株被毛。

茎 粗4~6mm，酒红色至橄榄绿色，被毛；叶间隔长2~10cm；不定根发达。

叶 对生，浓绿，肉质，叶形变化大，心形至长圆形，或长圆状披针形，7~12cm×3.5~4.8cm，基部心形至近圆形，先端钝尖，尾尖短；叶面几无毛，具光泽，稀见白色斑纹，叶背毛稍密集，具缘毛；中脉在叶背凸起，侧脉不清晰；叶柄圆柱形，20~35mm×3~5mm，粗壮，扭曲，被毛。

花 伞状花序，多年生，球形，球径6~7cm，着花30余朵；花序梗短，10~30mm×4~5mm，酒红色至橄榄灰色，被毛；花梗线形，长34~35mm，浅褐色，疏毛或几无毛；花萼直径约8mm，萼片长三角形，顶尖，被毛，具缘毛；花冠白中带粉，扁平，直径19~20mm，中裂，浓香，表面被密毛，背面无毛，裂片边缘反卷；副花冠白色，扁平，直径约10mm，高约4mm，具红芯，裂片阔卵形，中脊卵状隆起，外角急尖，稍向上抬升，内角圆尖，顶尖阔三角形，倚靠在合蕊柱上；子房柱状，高约1.5mm，心皮顶部被疏毛。

受威胁状况评价

中国特有种，濒危（EN）。

引种信息

华南植物园 20020299 广西；20102735、20102736、20102734、20102730、20102729 市场购买；20170833 台湾。

深圳仙湖植物园 F0024449、F0024436、F0024391、F0024446、F0024592 泰国。

昆明植物园 CN2016095、CN2016096 市场购买。

北京市植物园 20183472 市场购买。

物候信息

勤花，温湿度合适时，全年可开。

华南植物园 生长良好，未见冻害；茎蔓生长旺盛，易发枝；花期3~12月；花寿命较长，7~10天。

迁地栽培要点

较耐寒，喜阳，亦耐阴，适应性强，南方可户外栽培，盆栽或墙（柱）攀爬。

扦插易成活，温度适宜时，生长速度快；空气干燥时，注意补湿。

植物应用评价

球花型，适应性良好，可应用于花墙花柱攀爬。

FOC认为本种为广布种，分布于福建、广东、广西、海南、云南和台湾，以及马来西亚、越南和琉球半岛等。基于相关标本和文献的查阅、迁地保育于中国植物园被认为本种的植株持续性的物候观察，结合野外调查，编者认为Hoya carnosa与其变种彩叶球兰（H. carnosa var. gushanica）为同一个种，分布海拔较低（250~350m），除了福州鼓山有记录外，野外只在中国台湾的台中市有零星分布。中国植物园未发现有引种福州鼓山的植株，故本志书对本种的描述依据仅限于栽培和引种于台湾的植株的形态观察，并补充了子房被疏毛的分类学特征。

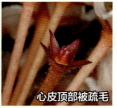

市场栽培

引自台湾　　　　　　　　　　　　　　栽培品种

30 隐冠球兰

Hoya celata Kloppenb., Siar, G. Mend., Cajano, Guevarra & Carandang, Asklepios 116: 42. 2013.

植株

植株

自然分布

菲律宾吕宋岛；常见栽培。

鉴别特征

与 *Hoya pubicalyx* 相似，花球明显偏大，花白色，子房光滑无毛。

迁地栽培形态特征

附生缠绕藤本，缺乳汁，植株无毛。

🟢 茎　粗3～6mm，绿色，无毛，具光泽；叶间距长3～20cm；不定根又长又发达。

🟢 叶　对生，肉质，绿色，长圆形至狭倒卵状长圆形，12～20cm×2.5～3.6cm，基部宽楔形或心形，先端钝尖，尾尖细长，长达10～15mm；中脉在叶背凸起，侧脉在叶面隐约凸起；叶柄长，20～35mm×4～5mm，绿色，无毛。

🌸 伞状花序，多年生，半球形，球径10～11cm，着花30余朵；花序梗纤细，30～200mm×1mm～3mm，绿色，无毛；花梗线形，长约50mm，无毛；花萼直径约8mm，萼片狭三角形，约3×1.5mm，绿色；花冠白色，扁平，展开直径约22mm，中裂，清香，表面被密毛，背面无毛，裂片边缘反卷，顶尖反折；副花冠白色，扁平，直径11～12mm，高约4mm，裂片近菱形，中脊隆起，先端向上稍弯曲，顶锐尖，内角圆尖，顶尖细长，倚靠在合蕊柱上；子房柱形，2.5mm×1.5mm，光滑无毛。

🍎 未见。

受威胁状况评价

外来种，缺乏数据（DD）。

引种信息

华南植物园　20182303　花友赠送。

物候信息

勤花，温湿度合适时，全年可开。

华南植物园　生长良好，未见冻害；茎生长旺盛，易发枝；叶常年青绿；花寿命长，约1周。

迁地栽培要点

喜阳，亦耐阴，需温室大棚内栽培，适应性强，盆栽或绑树桩攀爬。

扦插易成活，温度适宜时，生长速度快；空气干燥时，注意补湿。

植物应用评价

球花型，可应用于花墙花柱攀爬。

叶　　茎、叶光滑无毛　　纤细的花序梗　　下垂花序

花序　　花　　花序背面　　花的侧面

31 景洪球兰

Hoya chinghungensis (Tsiang & P. T. Li.) M. G. Gilbert, P. T. Li & W. D. Stevens, Novon 5: 9. 1995.
Dischidia chinghungensis Tsiang & P. T. Li. 1974.

自然分布

云南，及越南等；常见栽培。

鉴别特征

与 *Hoya lanceolata* 相似，叶间隔密集，叶明显偏小，阔卵状三角形。

迁地栽培形态特征

附生下垂灌木，乳汁白色，植株被毛。

🌿 **茎** 粗2~5mm，高1~1.5cm，绿色，被毛；叶密集，长5~15mm；不定根稀疏、短。

🌿 **叶** 对生，绿色，近三角形或阔卵状披针形，10~12mm×7~8mm，基部平或宽楔形，先端钝尖，顶尖针状，极短；叶面粗糙，被毛，背面毛更明显，具缘毛；中脉在叶面凸起，侧脉不清晰；叶柄短，长1~3mm，纤细，被毛。

🌸 **花** 伞状花序，一年生，腋生和顶生，表面扁平，着花约7朵；花序梗短，长10~15mm，绿色，被毛；花梗拱状，长17~14mm，外围稍长于内围，浅绿色，被毛；花萼直径7~8mm，萼片线形，钝尖，被毛；花冠白色，稍向后反卷，直径约14mm，中裂，表面被短柔毛，背面无毛，裂片边缘稍反卷；副花冠紫红色，平展，直径约6mm，高约2mm，半透明，裂片狭卵状披针形，先端略向上弯曲，中脊卵状隆起，外角圆，内角顶尖长三角形，倚靠在合蕊柱上；子房高约1.5mm。

受威胁状况评价

中国原生种，易危（VU）。

引种信息

华南植物园　20114512 市场购买；20201097 西双版纳热带植物园。
深圳仙湖植物园　F0024472 泰国；F0024668 广西。
上海植物园　2012-4-0246 云南耿马。
上海辰山植物园　20120491 泰国。
西双版纳热带植物园　0020130170 大勐龙勐宋；0020140948 马关县古林箐；0020160696 景洪市。

物候信息

华南植物园　生长良好，未见冻害；茎蔓生长较慢；花期3~5月；花寿命较长，约1周。

迁地栽培要点

较耐寒，喜阳，亦耐阴，需温室大棚内栽培，适应性强，盆栽或板植。
扦插易成活，生长较慢；空气干燥时，注意补湿。

对基质的湿度和透水性敏感，根系易发生病变或虫害。

植物应用评价

灌木型，可应用于盆栽和附生墙（柱）观赏。

从西双版纳热带植物园和华南植物园迁地保育的植株看，原产云南的植株，叶偏大，叶面相对光滑。

栽培植株　　外来种　　叶（云南）　　腋生花序

花序正面　　腋生花序　　顶生花序

根部介壳虫危害后的植株　　根部介壳虫危害

32 绿花球兰

Hoya chlorantha Rech., Repert. Spec. Nov. Regni Veg. 5: 131. 1908.

自然分布

南太平洋萨摩亚群岛；常见栽培。

鉴别特征

扁平花冠绿色，表面被密长毛，裂片卵状凹陷。

迁地栽培形态特征

附生缠绕藤本，乳汁白色，植株无毛。

🌿 茎 纤细，粗1.5~5mm，黄绿色，无毛，具光泽；叶间隔长4~13cm；不定根短，发达。

🌿 叶 对生，薄肉质，狭卵状披针形至狭卵状长圆形，60~100mm×19~24mm，基部圆形，先端钝尖或渐尖，尾尖长达4~10mm；叶面无毛，先端稍向后反卷；叶脉浅绿色，中脉在叶背凸起，侧脉4~5对；叶柄较短，长6~10mm，具浅槽，无毛。

🌸 花 伞状花序，多年生，半球形，松散，球径7~8cm，着花10余朵；花序梗纤细，长3~6cm，无毛；花梗线形，长35~36mm，无毛；花萼直径约6mm，萼片卵状披针形，顶尖；花冠浅绿色，扁平，直径约26mm，中裂，清香，表面被密长毛，背面无毛，裂片边缘稍反卷；副花冠黄绿色，平展，直径约9mm，高约2mm，具浅红芯，裂片卵形，拱状，内表面卵状凹陷，先端渐尖，外角圆，明显高于内角，内角顶尖细短；子房圆柱形，高约1.5mm。

🍎 果 未见。

受威胁状况评价

外来种，缺乏数据（DD）。

引种信息

华南植物园 20102732 市场购买。

深圳仙湖植物园 F0024323 漳州；F0024425 泰国。

上海植物园 2010-4-0225 马来西亚。

上海辰山植物园 20102938 上海购买。

西双版纳热带植物园 0020181866 广州中医药大学。

昆明植物园 CN20161000 市场购买。

物候信息

勤花，温湿度合适时，全年可开。

华南植物园 生长良好，未见冻害；叶常年青绿；花期3~12月，易开花，花量较多；花寿命较长，约1周。

迁地栽培要点

喜阳，亦耐阴，需温室大棚内栽培，适应性强，盆栽或绑树桩攀爬。

扦插易成活，温度适宜时，生长速度快；空气干燥时，注意补湿。

植物应用评价

球花型，花大淡雅，观赏性好，可应用于悬吊观赏或藤架（墙柱）攀爬。

33
玉桂球兰

Hoya cinnamomifolia Hook., Bot. Mag. t. 4347. 1848.

自然分布

爪哇；常见栽培。

鉴别特征

与 *Hoya verticillata* 相似，花黄绿色，平展副花冠较厚，深红色。

迁地栽培形态特征

附生缠绕藤本，乳汁白色，植株无毛。

茎 粗糙，粗2~8mm，绿色；叶间隔长12~18cm；不定根发达，较短。

叶 对生，绿色，长圆形至长椭圆形，10~16cm×4~7cm，基部圆形至宽楔形，先端钝尖，尾尖细长，长可达15mm；基出三脉，浅绿色；叶柄圆柱形，15~25mm×4~6mm，粗壮，扭曲。

花 伞状花序，多年生，球形，紧凑，球径约5cm，着花约15朵；花序梗粗壮，50~90mm×2~3mm，无毛；花梗线形，长20~22mm，粗壮，浅绿色，常密被紫红斑点；花萼直径约6mm，萼片阔三角形，顶尖；花冠黄色，完全反折，高9~10mm，展开直径19~20mm，深裂，清香，表面被短柔毛，背面无毛；副花冠深红色，扁平，直径约10mm，高约3mm，裂片卵形，较厚，外角钝尖，几等高于内角，内角圆尖，顶尖极短；子房柱形，高约2mm，绿色。

受威胁状况评价

外来种，缺乏数据（DD）。

引种信息

华南植物园 20160421 花友赠送。

物候信息

勤花，温湿度合适时，全年可开。

华南植物园 生长良好，未见冻害；叶常年青绿；全年几可观测到花开，花量不多；花寿命短，1~2天。

迁地栽培要点

较不耐寒，喜阳喜湿，亦耐阴，需温室大棚内栽培，盆栽或墙（柱）攀爬。

扦插易成活，温度适宜时，生长速度快；空气干燥时，注意补湿。

植物应用评价

艳花型，可应用于藤架或墙（柱）攀爬。

34 柠檬球兰

Hoya citrina Ridl., J. Straits Branch Roy. Asiat. Soc. 86: 300. 1922.

植株

自然分布

马来群岛；常见栽培。

鉴别特征

大心叶，基出三脉，花冠稍反卷，副花冠平展。

迁地栽培形态特征

附生缠绕藤本，乳汁白色，植株无毛。

🟢 茎 粗壮，4~6mm，绿色至灰白色；叶间隔长3~15cm；不定根发达。

🟢 叶 对生，肉质，绿色，心形至阔卵形，6~9cm×4~7cm，基部近心形，先端钝尖，尾尖细长；基出三脉，浅绿色；叶柄圆柱形，10~25mm×4~6mm，粗壮，扭曲。

🟢 花 伞状花序，多年生，球形，球径5~6cm，着花30余朵；花序梗粗壮，40~60mm×4~5mm；花梗线形，长约20mm，浅绿色；花冠黄绿色，完全反折，展开直径约15mm，深裂，浓香，表面被柔毛，背面无毛，裂片边缘反卷，顶尖反折；副花冠白色，平展，直径约8mm，具红芯，稍透明，裂片卵状披针形，外角渐尖，几等高于内角，内角圆尖，顶尖细短；子房柱形，高约1.5mm。

受威胁状况评价

外来种，缺乏数据（DD）。

引种信息

华南植物园 20121323 市场购买。

物候信息

勤花，温湿度合适时，全年可开。

华南植物园 生长良好，未见冻害；枝蔓易抽生；几全年可观测到花开；花寿命较短，1~2天。

迁地栽培要点

喜阳，亦耐阴，需温室大棚内栽培，适应性强，盆栽或墙（柱）攀爬。

扦插易成活，温度适宜时，生长速度快；空气干燥时，注意补湿。

植物应用评价

球花型，可应用于藤架或墙（柱）攀爬。

35 反瓣球兰

Hoya clemensiorum T. Green, Fraterna 14: 12. 2001.

自然分布

婆罗洲；常见栽培。

鉴别特征

与 *Hoya callistophylla* 相似，叶偏大，叶脉模糊不清晰。

迁地栽培形态特征

附生缠绕藤本，乳汁白色，被短柔毛。

茎 粗糙，粗2~5mm，橄榄绿至灰白色，被短柔毛；叶间隔长6~15cm；不定根发达，较短。

叶 对生，绿色，厚肉质，被柔毛，椭圆状披针形至长圆状披针形，10~19cm×3.5~6cm，基部宽楔形，具短狭基，尾尖渐尖；叶面不平，常被大块白色斑纹，叶缘粗糙不平；中脉在叶背凸起，侧脉可见，深绿色，8~9对；叶柄圆柱状，10~20mm×4~6mm。

花 伞状花序，多年生，球形，球径约5cm，着花40余朵；花序梗10~30mm×2~4mm，被短柔毛；花梗线形，长21~22mm，淡绿色，无毛；花萼直径约5mm，萼片卵形；花冠乳白色，完全反折，高约6mm，展开直径约12mm，中裂，表面被短柔毛，背面无毛，裂片边缘密被褐色斑点，顶尖反折；副花冠白色，辐射状，直径约6mm，高约3mm，裂片卵状披针形，外角钝尖，向上反卷，明显高于内角，内角圆，顶尖极短。

受威胁状况评价

外来种，缺乏数据（DD）。

引种信息

华南植物园　20102755　市场购买。
深圳仙湖植物园　F0024471　泰国。
上海辰山植物园　20120495　泰国。

物候信息

勤花，温湿度合适时，全年可开。

华南植物园　生长良好，轻微冻害；茎蔓生长旺盛，昼夜温差大时，叶常变红；勤花，几全年可开，花量较多；花寿命较短，2~3天。

迁地栽培要点

喜阳，亦耐阴，需温室大棚内栽培，适应性强，盆栽或绑树桩攀爬。

扦插易成活，温度适宜时，生长速度快；空气干燥时，注意补湿。

常见栽培。

植物应用评价

球花型，易养护，花小巧精致，可应用于藤架或墙（柱）攀爬。

36 广西球兰

Hoya commutata M. G. Gilbert & P. T. Li, Novon 5: 10. 1995.

自然分布

广西；未见栽培。

鉴别特征

与 *Hoya fungii* 相似，羽状脉清晰，深绿色，花梗被密毛。

迁地栽培形态特征

附生缠绕藤本，缺乳汁，植株被毛。

茎 纤细，粗 2~3mm，被毛，浅红褐色至橄榄灰色；叶间隔长 5（2）~15（20）cm；不定根短，较发达。

叶 对生，绿色，肉质，叶形多变，椭圆形、长圆形或心状至圆状披针形，8~18cm×3~5cm，基部圆，或近心形，先端急尖或渐尖，尾尖长三角形；叶两面被毛，叶背毛更密集；中脉在叶背凸起，侧脉羽状平行，5~7对，明显，深绿色；叶柄圆柱形，5~20mm×3~5mm，粗壮，扭曲，被毛。

花 伞状花序，多年生，球形，球径 7~8cm，着花 30 余朵；花序梗较细，长 10~40mm，被毛；花梗线形，长 28~30mm，被密毛；花萼直径约 6mm，萼片卵状披针形，顶尖，被密毛；花冠白色至浅粉色，扁平，直径约 18mm，中裂，表面被密毛，背面无毛，裂片边缘稍反卷；副花冠白色，扁平，直径约 8mm，高约 2mm，具红芯，裂片圆状披针形，中脊断续隆起，边缘向上抬升，外角几等高于内角，外角锐尖，内角圆，顶尖短尖；子房高约 2mm，光滑无毛。

果 未见。

受威胁状况评价

中国原生种，极危（CR）。

引种信息

华南植物园　20160422、20160423、20182308、20182309　花友赠送（引自广西河池）。

物候信息

华南植物园　生长良好，未见冻害；茎蔓生长旺盛，易发枝；易开花，花期 2~8 月，花量较多；单花寿命较长，约 10 天。

迁地栽培要点

华南植物园　室内外适应性良好；易扦插繁殖，耐旱耐热，病虫害稀见。

植物应用评价

水汁型，可应用于花墙、花柱攀爬。

FOC只简单记录了本种的花序和花的分类学特征。基于馆藏于P和A的模式标本 *W. T. Tsang, #22375* 和迁地保育于华南植物园的活植物持续观察，补充描写了 *Hoya commutata* 营养体的分类学特征。

37 革叶球兰

Hoya coriacea Blume, Bijdr. Fl. Ned. Ind. 1061. 1826.

自然分布

马来群岛；常见栽培。

鉴别特征

与 *Hoya alagensis* 相似，本种副花冠卵形，平展。

迁地栽培形态特征

缠绕藤本，乳汁白色，植株无毛。

茎 粗3~6mm，绿色，具光泽；叶间隔长8~18cm，不定根稀缺。

叶 对生，肉质，狭卵状至长圆状披针形，基部心形或圆形，先端钝尖或渐尖，尾尖细长；中脉在叶背凸起，侧脉羽状，隐约可见，5~6对；叶柄圆柱形，具浅槽。

花 伞状花序，多年生，球形，着花几十朵；萼片线形；花冠黄色，平展，深裂，表面被密毛，背面无毛，裂片边缘反卷；副花冠肉质，平展，不透明，裂片卵形，中脊明显向上隆起，外角钝尖，内角圆尖，顶尖细长。

受威胁状况评价

外来种，缺乏数据（DD）。

引种信息

昆明植物园 CN20161005 市场购买。

物候信息

昆明植物园 花期4~5月。

迁地栽培要点

喜阳，亦耐阴，需温室大棚内栽培，盆栽或绑树桩攀爬。

扦插易成活，温度适宜时，生长速度快；空气干燥时，注意补湿。

植物应用评价

球花型，可应用于藤架或墙（柱）攀爬。

花序正面

花序背面

38 卡尼球兰

Hoya corneri Rodda & S. Rahayu, Phytotaxa 383: 256. 2018.

自然分布

婆罗洲、泰国南部及马来西亚半岛；常见栽培。

鉴别特征

与 *Hoya uncinata* 相似，花较小，副花冠裂片外角圆。

迁地栽培形态特征

附生缠绕小藤本，缺乳汁，植株无毛。

茎 粗糙，纤细，粗1~3mm，灰绿色；叶间隔长5~18cm；易长不定根。

叶 对生，灰绿，狭卵形，8~12cm×2.5~3.5cm，基部圆形，先端钝尖，叶面常具白色斑点；中脉在叶背凸起，侧脉模糊不清晰；叶柄圆柱形，长1~2cm，具浅槽。

花 伞状花序，多年生，伞形凸起，球径约4cm，着花20余朵；花序梗纤细，长3~6cm；花梗纤细，长13~15mm；花萼直径3~4mm；花冠淡黄色，薄，辐射状展开，展开直径约14mm，深裂至基部，表面被短柔毛，背面无毛，边缘稍反卷；副花冠黄色，直径约6mm，高约3.5mm，裂片刀刃状，上表面极狭窄；子房细长，高约2mm。

受威胁状况评价

外来种，数据缺乏（DD）。

引种信息

华南植物园 20191261 深圳仙湖植物园。
深圳仙湖植物园 F0024452 泰国。
上海辰山植物园 20120565 泰国。

物候信息

勤花，温湿度合适时，全年可开。

华南植物园 生长良好，未见冻害；阳光下或昼夜温差大时，叶常转红；花期3~12月；单花寿命短，1~2天。

迁地栽培要点

喜阳，亦耐阴，需温室大棚内栽培，适应性较差，盆栽或绑树桩攀爬。

扦插易成活，温度适宜时，生长速度快；空气干燥时，注意补湿。

忌水；基质过湿或过干时，根系易发生病害或虫害。

植物应用评价

垂吊型，可应用于藤架或墙（柱）攀爬。

本种的引种名记录为巴东球兰（*Hoya padangensis*）。

39 卡米球兰

Hoya cumingiana Decne., Prodr. 8: 636. 1844.

华南植物园植株　　　昆明植物园植株

自然分布

菲律宾、爪哇、婆罗洲；常见栽培。

鉴别特征

对生叶抱茎，密集，反折花冠黄色。

迁地栽培形态特征

附生下垂灌木，乳汁白色，植株被毛。

🟢茎 下垂，长可达2m，粗3～4mm，被毛；叶间隔长2～4cm；不定根发达。

🟢叶 对生，绿色，心状卵形至心状椭圆形，40～50mm×18～22mm，基部心形，耳明显，先端圆尖，尾尖极短；叶面光亮，几无毛，叶背被毛，具缘毛；中脉在叶背凸起，侧脉不明显；叶柄短，长3~5mm，被毛。

花 假伞状花序，多年生，顶生和腋生，球形，着花多朵；花序梗短，被毛，易脱落；花梗线形，几无毛；花冠黄色，完全反折，深裂，表面被柔毛，背面无毛，裂片两侧边缘反卷；副花冠平展，具红芯。

受威胁状况评价

外来种，缺乏数据（DD）。

引种信息

华南植物园 20102717 市场购买。

深圳仙湖植物园 F0024460 泰国；F0024338 漳州。

上海辰山植物园 20102960 上海；20120507 泰国。

昆明植物园 CN20161006 市场购买。

物候信息

华南植物园 生长良好，未见冻害；茎蔓生长旺盛，易发枝；叶常年青绿；栽培多年，未观测到花。

昆明植物园 花期6~7月。

上海辰山植物园 观测到花开。

迁地栽培要点

喜阳耐旱，适应性好，盆栽或绑树桩攀爬。

扦插易成活；空气干燥时，注意补湿。

植物应用评价

灌木型，可应用于附生墙（柱）观赏。

40 银斑球兰

Hoya curtisii King & Gamble, J. Asiat. Soc. Bengal, Pt. 2, Nat. Hist. 74: 563. 1908.

自然分布

马来群岛；常见栽培。

鉴别特征

小圆叶，绿色至红色，叶面常被白斑。

迁地栽培形态特征

匍匐状小藤本，乳汁白色，被毛。

🌿 **茎** 匍匐状，粗1~2mm，红色至绿色；叶间隔密集，长2~4cm；不定根发达。

🌿 **叶** 对生，绿色至红色，被毛，阔椭圆形，15~18mm×15~17mm，基部近圆形至近截平，先端钝尖，尾尖短，叶面粗糙，表面常被白色斑纹；中脉和侧脉不清晰；叶柄纤细，长2~4mm，红色至绿色。

🌸 **花** 伞状花序，多年生，球形；花序梗被毛；花梗被毛；花冠绿色，完全反折，深裂至近基部，表面被短柔毛，背面无毛，裂片两侧反卷；副花冠直立，具红芯，裂片近圆形，外角圆，几等高于内角，内角顶尖极短。

受威胁状况评价

外来种，缺乏数据（DD）。

引种信息

华南植物园 20111757 市场购买。
深圳仙湖植物园 F0024296 漳州。
上海植物园 2010-4-0234 马来西亚。
西双版纳热带植物园 1020160072 深圳仙湖植物园。
昆明植物园 CN20161007 市场购买。

物候信息

华南植物园 生长良好，观测到轻微冻害；藤蔓生长速度较慢；叶常年偏红；栽培多年，未观测到花。

迁地栽培要点

较不耐寒，喜阳耐湿，盆栽或绑树桩攀爬。
扦插易成活，生长速度较慢；空气干燥时，注意补湿。

植物应用评价

观叶型，叶面斑纹奇特，观赏性好，可应用于观叶类悬吊观赏。

植株　植株　叶　叶变红　花

41 大勐龙球兰

Hoya daimenglongensis Shao Y. He & P. T. Li, Novon 22: 170, 2012.

自然分布

云南和西藏南部等；未见栽培。

鉴别特征

与 *Hoya linearis* 相似，副花冠线状长柱形。

迁地栽培形态特征

附生下垂灌木，乳汁白色，植株被毛。

🌿 **茎** 柔软，纤细，粗1~2mm，长达2m及以上，被密毛；叶间隔较密集，长2~3cm；不定根常着生于叶腋下，短。

🌿 **叶** 对生，茎基部偶见3叶轮生，被毛，肉质，线形，30~45mm×4~5mm，基部圆形，先端钝尖；叶两面被毛，叶脉不清晰；叶柄极短，长2~3mm，纤细，被毛。

🌸 **花** 伞状花序，一年生，顶生，扁平稍凹，着花7~9朵；花序梗短，长约5mm，被毛；花梗拱形，长约20mm，被毛；萼片卵状长圆形，钝头，被毛；花冠白色，平展，展开直径12~15mm，中裂，表面被柔毛，背面无毛，裂片两侧边缘稍反卷；副花冠平展，具红芯，半透明，裂片圆柱形，外角圆，内角顶尖细长；子房高约2mm。

受威胁状况评价

中国原生种，缺乏数据（DD）；易受环境影响，或滥采而致危，建议调整至濒危（EN）。

引种信息

华南植物园 20200050 西藏墨脱。
昆明植物园 18CS17180 西藏墨脱。

物候信息

华南植物园 新引种，未观测到花。
昆明植物园 只观测到一个花序，着花7朵。

迁地栽培要点

较耐寒，喜阳，亦耐阴，适应性较弱，盆栽或板植。

对基质的湿度和透水性敏感，根系易发生病变或虫害。

植物应用评价

灌木型，茎纤弱，为优良悬垂观赏植物。

本种与锡金线叶（*Hoya linearis* var. *sikkimensis*）有一类似的圆柱状副花冠裂片，本种花数量约9朵，非后者13朵，基于编者从未见过锡金线叶的活体，只凭照片并不能下结论，故本志书暂保留本种，不做分类处理。

锡金线叶：着花13朵，叶细长（拍摄于新加坡滨海花园）

42 蚁球

Hoya darwinii Loher, Gard. Chron. 47: 66. 1910.

植株

自然分布

菲律宾群岛；常见栽培。

鉴别特征

具二态叶，变态叶贝壳状球形。

迁地栽培形态特征

附生藤本，乳汁白色，植株无毛。

🟢茎 粗壮，粗3~6mm，绿色至橄榄绿色，无毛；叶间隔长3~15cm；不定根稀疏。

🟢叶 二型，对生，变态叶贝壳状，即对生两片叶合拢成一圆球形，缩小成一肉质贝壳状；正常叶长圆形至倒椭圆形，7~12cm×2.5~4.5cm，基部宽楔形，先端钝尖，尾尖三角形；中脉在叶背凸起，侧脉不清晰；叶柄圆柱形，10~20mm×3~4mm，粗壮，绿色。

🟢花 伞状花序，多年生，扁平，紧凑，着花10~20朵；花序梗粗壮，10~30mm×4~5mm；花梗线形，18～35mm×2mm，浅绿色至淡紫红色；萼片阔卵形，2mm×2mm，钝头，具缘毛；花冠浅紫红色，完全反折，展开直径22～24mm，浓香，深裂，表面被柔毛，背面无毛，裂片两侧向背面反卷；副花冠白色，直径约11mm，不透明，具红芯，裂片三角形，近直立，中脊板状隆起，先端渐尖，顶尖稍向下反折，明显高过柱头，内角圆，顶尖细长；子房高约2mm。

受威胁状况评价

外来种，缺乏数据（DD）。

引种信息

华南植物园　20102739　市场购买。

深圳仙湖植物园　F0024559；F0024453　泰国。

上海辰山植物园　20102952　上海；20120504、20130370　泰国。

昆明植物园　CN20161010　市场购买。

物候信息

勤花，温湿度合适时，全年可开。

华南植物园　生长良好，未见冻害；阳光下或昼夜温差大时，叶常转红；勤花；花寿命较长，约1周。

迁地栽培要点

喜阳，亦耐阴，需温室大棚内栽培，适应性强，盆栽或绑树桩攀爬。

扦插易成活，温湿度适宜时，生长速度快；空气干燥时，注意补湿。

植物应用评价

观叶型，可应用于垂吊观赏。

43 戴氏球兰

Hoya davidcummingii Kloppenb., Fraterna 1995: 10. 1995.

自然分布

菲律宾群岛；常见栽培。

鉴别特征

双裂片，钟状花冠，花紫红色。

迁地栽培形态特征

附生藤本，乳汁白色，植株几无毛。

茎 匍匐状，粗2~4mm，酒红色至绿色，几无毛；叶间隔较密集，长4~8cm；不定根极发达。

叶 对生，绿色，肉质，狭卵状两端披针形，45~60mm×16~20mm，基部楔形，具短狭基，先端钝尖；叶面光亮，具缘毛；中脉在叶背凸起，侧脉不清晰；叶柄圆柱形，长10~15mm，粗壮，被毛。

花 假伞形花序，多年生，球形，球径25~30mm，着花10余朵；花序梗短，长15~30mm，几无毛；花梗线形，长10~12mm，浅绿色；花萼直径约4mm，萼片线形；花冠紫红色，钟状，直径约8mm，高约5mm，浓香，中裂，表面被短柔毛，背面无毛，裂片完全反折；副花冠双裂片，黄色，直径约6mm，上裂片倒圆形，外角明显低于内角，下裂片从底部伸出。

受威胁状况评价

外来种，缺乏数据（DD）。

引种信息

华南植物园　20102743、20114496 市场购买。

深圳仙湖植物园　F0024297 漳州；F0024393 泰国。

上海植物园　2010-4-0237 马来西亚。

上海辰山植物园　20122964 浙江；20130372 泰国。

昆明植物园　CN20161012 市场购买。

物候信息

勤花，温湿度合适时，全年可开。

华南植物园　生长良好，轻微冻害；阳光下或昼夜温差大时，叶常转红；勤花；几全年可观测到花开，花寿命较长，约1周。

昆明植物园　花期4~5月。

迁地栽培要点

喜阳，亦耐阴，需温室大棚内栽培，适应性强，盆栽或绑树桩攀爬。

扦插易成活，温湿度适宜时，生长速度快；空气干燥时，注意补湿。

植物应用评价

双裂型，花精致艳丽，观赏性好，可应用于悬吊观赏。

44 密叶球兰

Hoya densifolia Turcz., Bull. Soc. Imp. Naturalistes Moscou 21: 261. 1848.

自然分布
菲律宾；常见栽培。

鉴别特征
与 *Hoya cumingiana* 相似，叶偏大偏薄，被毛，花梗被密毛。

迁地栽培形态特征
附生下垂灌木，乳汁白色，植株被毛。

茎 粗 3~4mm，被密毛，绿色，高 1~1.5m；叶间隔密集，长 3~5cm；不定根稀疏。

叶 对生，绿色，被毛，心状长圆形，4~6cm×2~2.5cm，基部心形，耳明显，先端钝尖；叶两面被疏毛，中脉在叶背凸起，侧脉隐约可见，约8对；叶柄极短，长 2~3mm，被毛。

花 伞状花序，多年生，顶生和腋生，伞形，球径约7cm，着花9~13朵；花序梗短，15~30mm×2mm，被毛，易脱落；花梗线形，长约30mm，绿色，被毛；花萼直径约7mm，萼片披针形，被毛；花冠黄色，完全反折，展开直径16~17mm，高约12mm，浓香，中裂，表面被柔毛，背面无毛，裂片两侧边缘向背面反卷；副花冠黄色，平展，直径约6mm，高约4mm，具红芯，裂片卵形，厚，中脊柱状隆起，外角圆，内角顶尖三角形，反折斜靠在柱头上；子房高约2mm，顶尖。

果 未见。

受威胁状况评价
外来种，缺乏数据（DD）。

引种信息
华南植物园 20102744 市场购买。
深圳仙湖植物园 F0024553 泰国；F0024643 上海辰山植物园。
上海植物园 2010-4-0238 马来西亚。
上海辰山植物园 20102960 上海；20120507 泰国。
昆明植物园 CN20161014 市场购买。
西双版纳热带植物园 1020160069 华南植物园。

物候信息
勤花，温湿度合适时，全年可开。
华南植物园 生长良好，未见冻害；藤蔓生长较为旺盛；叶常年青绿；温度高于20℃时，可观测到花；花寿命较长，约1周。
昆明植物园 花期6~7月。

迁地栽培要点

较耐寒，喜阳耐旱，忌积水，盆栽或绑树桩攀爬。

扦插易成活；空气干燥时，注意补湿。

植物应用评价

灌木型，可应用于地栽、盆栽和附生墙（柱）观赏。

45 双翅球兰

Hoya diptera Seem., Bonplandia 9: 257. 1861.

自然分布

美拉尼西亚岛及澳大利亚；常见栽培。

鉴别特征

扁平花序，平展花冠黄色。

迁地栽培形态特征

附生缠绕藤本，乳汁白色，植株无毛。

茎 粗2~5mm，亮绿色，光滑无毛；叶间隔长4~9cm；不定根发达，长达10cm以上。

叶 对生，亮绿色，卵形或椭圆形，40~70mm×33~42mm，基部圆形，具短狭基，先端钝尖，尾尖短；叶面光滑无毛；中脉在叶背凸起，侧脉不清晰；叶柄圆柱形，14~22mm×2~3mm，具浅槽。

花 伞状花序，多年生，表面扁平，球径5~6cm，着花6~8朵；花序梗绿色，长25~40mm，无毛；花梗拱形，长11~3mm，外围明显长于内围；花萼直径4~5mm，卵状三角形；花冠米黄色，平展，直径15~16mm，高约3mm，清香，深裂，表面被毛，背面无毛，裂片边缘稍反卷；副花冠亮黄色，平展，直径约7mm，具红芯，裂片狭卵状披针形，拱状，上表面卵状下陷，外角锐尖，略向上弯曲，内角钝尖，顶尖极短；子房高约1mm，钝头。

受威胁状况评价

外来种，缺乏数据（DD）。

引种信息

华南植物园 20102858 市场购买。

深圳仙湖植物园 F0024505、F0024418 泰国。

上海辰山植物园 20120508 泰国。

昆明植物园 CN20161016 市场购买。

物候信息

勤花，温湿度合适时，全年可开。

华南植物园 生长良好，未见冻害；茎蔓生长旺盛，易发枝；叶常年青绿，昼夜温差大时，易转红；几全年可观测到花开，花量稀少；花寿命较短，2~3天。

昆明植物园 茎、叶、花序梗等常密被红点；花期4~6月。

迁地栽培要点

喜阳，亦耐阴，需温室大棚内栽培，适应性强，盆栽或绑树桩攀爬。

扦插易成活，温度适宜时，生长速度快；空气干燥时，注意补湿。

植物应用评价

观叶型，叶常年青绿，可应用于悬吊观赏或藤架（墙柱）攀爬。

46
崖县球兰

Hoya diversifolia Blume, Bijdr. Fl. Ned. Ind. 1064. 1826.
Hoya liangii Tsiang. 1936.
Hoya persicinicoronaria Shao Y. He & P. T. Li. 2009.

自然分布

中国海南、广东湛江等地，以及菲律宾和马来群岛；未见栽培。

鉴别特征

与 _Hoya meliflua_ 相似，叶较小，花冠扁平。

迁地栽培形态特征

附生缠绕藤本，乳汁白色，植株无毛。

🌱 粗壮，粗5～10mm，具光泽，绿色，光滑无毛；叶间隔长8～18cm；不定根发达，可长达20cm以上。

🍃 对生，偶见轮生，或几对对叶簇生，厚肉质，椭圆形或倒椭圆形，55～70mm×33～40mm，基部圆形，先端圆尖，尾尖极短；叶面光亮，厚可达2mm；叶脉不清晰；叶柄圆柱形，15～25mm×3～4mm，粗壮，扭曲。

🌸 伞状花序，多年生，球形，着花10余朵；花序梗粗壮，1～5cm×5～7mm；花梗线形，粗，16～20mm×1～1.2mm；花萼直径约7mm，萼片圆形，钝头；花冠淡黄色或黄中带粉，扁平，展开直径14～15mm，中裂，表面被密毛，背面无毛，裂片边缘反卷；副花冠浅紫红色，平展，直径约6mm，不透明，上表面椭圆状凹陷，外角圆，稍向上弯曲，内角圆尖，顶尖锐尖；子房高约2mm，钝头。

受威胁状况评价

中国原生种，无危（LC）。

引种信息

华南植物园　20102745 市场购买；20030550 引自海南；20142388 网购。
深圳仙湖植物园　F0024476 泰国。
辰山植物园　20102954 市场购买。
上海植物园　2010-4-0240 马来西亚。

物候信息

华南植物园　生长良好，可耐短时霜冻；常温室内栽培，叶显更厚，暗绿，生长旺盛，但从未观测到花序萌发；兰园室外自然条件下，阳光充足，能观测到花开，花量较多，花期9～12月。

迁地栽培要点

耐寒，耐短时霜冻，喜阳，亦耐阴，需强光照才可开花，盆栽或绑树桩攀爬。

植物应用评价

球花型，适应性强，可应用于户外花柱、花墙攀援。

Rodda（2017）把崖县球兰（*Hoya liangii*）和桃冠球兰（*H. persicinicoronaria*）合并入 *H. diversifolia*。这3种球兰华南植物园有迁地保育，从未观测到 *H. diversifolia* 的花；这3种除了叶形大小有差异外，其他差别并不显著，故本志书采纳Rodda的合并处理。

引自海南，FOC 记录为 *Hoya liangii*

引种记录名：*Hoya diversifolia*　　　syn.: *Hoya persicinicoronaria*

47 掌脉球兰

Hoya dolichosparte Schltr., Beih. Bot. Centralbl., Abt. 2 34: 13. 1916.

自然分布

印度尼西亚苏拉威西岛；常见栽培。

鉴别特征

与 *Hoya verticillata* 相似，叶近圆形，花白中带红，副花冠平展。

迁地栽培形态特征

附生缠绕藤本，乳汁白色，植株无毛。

茎 粗3~6mm，橄榄绿至灰白色；叶间隔长6~12cm；不定根发达。

叶 对生，绿色，或红色，阔卵形至近圆形，6~9cm×4.5~5.5cm，基部圆形，先端钝尖，尾尖细短；基出三脉，浅绿色；叶柄圆柱形，12~20mm×3~6mm，粗壮，扭曲。

花 伞状花序，多年生，球形，球径4~5cm，着花30余朵；花序梗较粗，长3~5.5cm；花梗线形，长约20mm；花萼直径约4mm，萼片近三角形，细短；花冠白中带红，完全反折，高约6mm，展开直径约16mm，浓香，深裂，表面被短柔毛，背面无毛，裂片顶尖反折；副花冠白色，平展，直径约8mm，高约3mm，具红芯，裂片卵形，外角锐尖，几等高于内角，内角圆尖，顶尖细短；子房高约2mm。

受威胁状况评价

外来种，缺乏数据（DD）。

引种信息

华南植物园 20102707 市场购买。

深圳仙湖植物园 F0024540 泰国。

上海植物园 2010-4-0241 马来西亚。

上海辰山植物园 20130373 泰国。

昆明植物园 CN20161018 市场购买。

物候信息

勤花，温湿度合适时，全年可开。

华南植物园 生长良好，观测到轻微冻害；茎蔓生长旺盛，易发枝；荫蔽环境下，叶常显绿色，光照良好时，常密被红色斑点；花寿命较短，3~4天。

迁地栽培要点

喜阳，适应性强，盆栽或墙（柱）攀爬。

扦插易成活，温度适宜时，生长速度快；空气干燥时，注意补湿。

植物应用评价

球花型,可应用于藤架或墙(柱)攀爬。

48 贡山球兰

Hoya edeni King & Hook.f., Fl. Brit. India 4: 53. 1883.
Centrostemma yunnanense P. T. Li. 1982.
Hoya gongshanica P. T. Li. 1991.
Hoya lii C. M. Burton. 1991.

自然分布

云南西南部，以及缅甸、印度东北部和尼泊尔等；未见栽培。

鉴别特征

下垂灌木，反折花冠黄色，副花冠内角顶尖细长，常反卷成一钩。

迁地栽培形态特征

附生下垂灌木，乳汁白色，植株被毛。

🟢 **茎** 纤细，长60cm或更长，粗1～2mm，被毛，褐色至暗绿色；叶间隔长3～6cm；不定根稀少。

🟢 **叶** 对生，绿色，薄肉质，长圆形，基部楔形至宽楔形，40～60mm×15～18mm，基部圆形，先端钝尖，尾尖细长；中脉在叶背凸起，侧脉网状，隐约在叶面凸起；叶柄圆柱形，长5～10mm，具浅槽，被毛。

🟢 **花** 伞状花序，腋生或顶生，伞形凸起，着花常至7朵；花序梗短，长1～2cm，被毛或几无毛；花梗线形，长17～18mm，浅绿色，几无毛；花萼直径约4mm，萼片近圆形，绿色，几无毛；花冠黄色，完全反折，高约16mm，深裂，表面被柔毛，背面无毛，裂片两侧边缘向背面反卷；副花冠黄色，直立，直径约6mm，高约5mm，裂片卵形，外角圆，上表面内侧卵状凹陷，内角锐尖，顶尖比裂片还长，伸出合蕊柱，常反卷成一钩；子房锥形，高约3mm。

🟢 **果** 线形，长8～9mm，被微毛。

受威胁状况评价

中国原生种，未评价；易受环境影响，或滥采而致危，建议调整至易危（VU）。

引种信息

华南植物园 20160874 深圳仙湖植物园；20191640 云南保山；20200052 西藏墨脱。

深圳仙湖植物园 F0025496 哀牢山。

昆明植物园 缺引种号 云南。

物候信息

华南植物园 控温温室，易烂根死亡。曾引种2批次（云南），枝条刚扦插时，易生根，移植后盆栽，刚开始时，长势良好，半年后，生长变弱，根系腐烂；采集于墨脱的植株20200052（扦插苗），生长势良好，易发枝，花序梗易萌发，易脱落，直至2021年9月观测到2个花序，于花蕾膨大期脱落；后又于9月底萌发3个花序，生长良好，观测到花开。

昆明植物园 花期9～10月。

迁地栽培要点

喜冷凉湿润气候，不耐热，忌积水，适应性差，板植。

扦插易成活，空气干燥时，注意补湿。

对基质的湿度和透水性敏感，根系易发生病变或虫害。

植物应用评价

暂未驯化成功。

在FOC中，本种被记录为贡山球兰（*Hoya lii*）。*H. edeni* 被 Rodda 等于2019年发表为中国新记录种，凭证标本分别是馆藏于HITBC的 *Li Jianwu 1137* 和KUN的 *Liu & Yang 409*，编者查阅了馆藏于PE的 *Centrostemma yunnanense* 模式标本青藏队 *9253*，认为 *C. yunnanense* 是 *H. edeni* 的异名，而 *C. yunnanense* 又被FOC处理为 *H. lii* 的同模异名，故 *H. lii* 应合并入 *H. edeni*，作为 *H.edeni* 的异名。

引自西藏墨脱，生长状态佳，已观测到花开

引自云南，适应性差，根系易发生病变或虫害

拍摄于云南

49
埃尔默球兰

Hoya elmeri Merr., Univ. Calif. Publ. Bot. 15: 258. 1929.
Hoya mindorensis subsp. *superba* Kloppenb. 2005.

植株

自然分布

菲律宾和婆罗洲；常见栽培。

鉴别特征

与 *Hoya mindorensis* 相似，花球大，裂片较短。

迁地栽培形态特征

附生缠绕藤本，乳汁白色，植株无毛。

🌿 **茎** 粗 2~6mm，绿色；叶间隔长 6~15cm；不定根稀疏。

🌿 **叶** 对生，肉质，倒卵状披针形至椭圆形，8~13cm × 40~55mm，基部楔形至宽楔形，先端钝尖，尾尖极短；中脉在叶背凸起，侧脉不清晰；叶柄圆柱形，长12～20mm，扭曲。

🌸 伞状花序，多年生，球形，球径50～60mm，着花多朵；花序梗粗壮，30～60mm×3～4mm，绿色；花梗线形，长12～14mm，浅绿色；花萼直径约5mm，裂片阔卵形，钝头；花冠浅黄色至深红色，完全反折，高约6mm，展开直径约14mm，深裂，表面被疏长毛，背面无毛，裂片顶尖反折；副花冠浅红至深红色，平展，直径约8mm，高约4mm，裂片三棱柱状，中脊板状隆起；子房柱形，高约1.5mm。

🍎 果 线形。

受威胁状况评价
外来种，缺乏数据（DD）。

引种信息
华南植物园 20102795 市场购买。
昆明植物园 CN20161080 市场购买。

物候信息
勤花，温湿度合适时，全年可开。
华南植物园 生长良好，未见冻害；茎蔓生长旺盛，易发枝；叶青绿或常年偏红；勤花，几全年可开，花量较多；花寿命较长，约1周。

迁地栽培要点
喜阳，亦耐阴，需温室大棚内栽培，适应性强，盆栽或绑树桩攀爬。
扦插易成活，温度适宜时，生长速度快；空气干燥时，注意补湿。

植物应用评价
球花型，可应用于藤架或墙（柱）攀爬。

50 红叶球兰

Hoya erythrina Rintz, Malayan Nat. J. 30: 501. 1978.

自然分布

马来半岛；常见栽培。

鉴别特征

叶形似 *Hoya purpureo-fusca*，花黄色，辐射花冠内表面被白色长毛。

迁地栽培形态特征

附生缠绕藤本，乳汁白色，植株几无毛。

茎 粗糙，粗2～4mm；叶间隔长6～15cm；不定根较发达。

叶 对生，肉质，绿色至暗红色，长圆形至狭椭圆形，10～16cm×3～5cm，基部圆形或宽楔形，先端钝尖，短尾尖；叶面粗糙；基出三脉，在叶面凸起；叶柄圆柱形，10～20mm×4～5mm，粗壮，扭曲。

花 伞状花序，多年生，半球形，球径4～5cm，着花7～10朵；花序梗较短，长10～40mm；花梗线形，长16～18mm，浅绿色；花萼直径4～5mm，萼片线形；花冠黄色，完全反折，展开直径约14mm，深裂，表面被稀疏长毛，背面无毛，裂片边缘反卷；副花冠黄色，直径约6mm，具浅红芯，或无，裂片卵状披针形，外角锐尖，明显向上反卷，高于内角，内角圆尖，顶尖细短；子房卵形，顶端尖，1.8mm×1mm。

受威胁状况评价

外来种，缺乏数据（DD）。

引种信息

华南植物园 20102852 市场购买。

深圳仙湖植物园 F0024311 漳州；F0024423 泰国。

上海植物园 2010-4-0243 马来西亚。

上海辰山植物园 20130374 泰国。

昆明植物园 CN20161021 市场购买。

物候信息

勤花，温湿度合适时，全年可开。

华南植物园 生长良好，未见冻害；茎蔓生长旺盛，易发枝；叶常年深红色；勤花，几全年可开，花量较多；花寿命较长，约1周。

昆明植物园 花期4～5月。

迁地栽培要点

　　喜阳，亦耐阴，需温室大棚内栽培，适应性强，盆栽或绑树桩攀爬。

　　扦插易成活，温度适宜时，生长速度快；空气干燥时，注意补湿。

植物应用评价

　　观叶型，可应用于悬吊观赏或藤架或墙（柱）攀爬。

51 红冠球兰

Hoya erythrostemma Kerr., Bull. Misc. Inform. Kew 1939: 460. 1939.

自然分布

泰国；常见栽培。

鉴别特征

与 *Hoya mindorensis* 相似，叶脉清晰，花冠内表面毛密集，倒伏。

迁地栽培形态特征

附生缠绕藤本，乳汁白色，植株无毛。

茎 纤细，粗1~3mm；叶间隔长8~15cm；不定根稀缺。

叶 对生，肉质，卵形至长圆形，6~10cm×3~4cm；基部宽楔形，先端钝尖，尾尖三角形，短；中脉在叶背凸起，侧脉羽状，浅绿色，2~3对；叶柄圆柱形，10~20mm×3~4mm，粗壮；扭曲。

花 伞状花序，多年生，球形，紧凑，球径35~40mm，着花40朵以上；花序梗粗壮，长4~8cm，无毛；花梗线形，长17~18mm；花萼直径3~4mm；花冠浅黄色至红色，完全反折，展开直径13mm，高约7mm，清香，中裂，表面被密毛，背面无毛，裂片边缘反卷；副花冠浅红色至红色，直径约9mm，平展，裂片刀片状，中脊板状隆起；子房柱形，高约1.2mm。

果 细长，常密被红色斑纹。

受威胁状况评价

外来种，缺乏数据（DD）。

引种信息

华南植物园　20102751 市场购买。

深圳仙湖植物园　F0024428、F0024494 泰国。

昆明植物园　CN20161022 市场购买。

物候信息

勤花，温湿度合适时，全年可开。

华南植物园　生长良好，未见冻害；藤蔓生长旺盛，易发枝；叶常年青绿，稀见红色斑点；勤花，几全年可开，花量较少；花寿命较长，约1周。

昆明植物园　花期5~6月。

迁地栽培要点

喜阳，亦耐阴，需温室大棚内栽培，适应性强，盆栽或绑树桩攀爬。

扦插易成活，温度适宜时，生长速度快；空气干燥时，注意补湿。

植物应用评价

奇花型，可应用于藤架或墙（柱）攀爬。勤花。

135

52 凹湾球兰

Hoya excavata Teijsm. & Binn., Natuurk. Tijdschr. Ned.-Indië 25: 406. 1863.

自然分布

马来群岛；常见栽培。

鉴别特征

与 *Hoya meliflua* 相似，叶缘波浪状，副花冠酒红色。

迁地栽培形态特征

附生缠绕藤本，乳汁白色，黏稠，植株无毛。

🟢 茎 粗壮，粗3~10mm，无毛，酒红色至绿色；叶间隔长6~25cm；不定根发达，长可达10~15cm。

🟢 叶 大型，对生，绿色，厚肉质，倒椭圆形至长圆形，11~18cm×5.5~10.5cm，基部楔形至宽楔形，先端圆，顶尖短；中脉在叶背凸起，侧脉不清晰；叶柄圆柱形，20~30mm×5~7mm，绿色，扭曲。

🟢 花 伞状花序，多年生，球形，球径约60mm，着花30余朵；花序梗粗壮，40~80mm×4~6mm；花梗线形，21~22mm×1mm；花萼直径7~8mm，浅绿色，萼片椭圆形，龙骨状，3~3.5mm×2~2.5mm，钝头，具缘毛；花冠粉紫色，稍向后反折，展开直径约16mm，中裂，表面被密毛，背面无毛，裂片边缘反卷；副花冠酒红色，平展，直径约7mm，高约3mm，裂片卵状，卵状凹陷，外角圆，稍向上抬升，内尖钝尖，顶尖短三角形；子房卵形，高约1.5mm。

🟢 果 未见。

受威胁状况评价

外来种，缺乏数据（DD）。

引种信息

华南植物园　20102748　市场购买。

深圳仙湖植物园　F0024509、F0024335　泰国。

上海植物园　2010-4-0246　马来西亚。

上海辰山植物园　20102955　上海购买。

昆明植物园　CN20161023　市场购买。

物候信息

勤花，温湿度合适时，全年可开。

华南植物园　生长良好，未见冻害；藤蔓生长旺盛；几全年可观测到花开，花量稀少；花寿命较长，约1周。

迁地栽培要点

喜阳，需温室大棚内栽培，适应性强，盆栽或绑树桩攀爬。

扦插易成活，温度适宜时，生长速度快；空气干燥时，注意补湿。

植物应用评价

艳花型，叶大挺立，观赏性好，可应用于藤架或墙（柱）攀爬。

植株　叶大型　下垂花序，花序梗粗壮　花蕾表面扁平　花蜜流出后，颜色变深　花序　花序　花序侧面

53 鞭毛球兰

Hoya flagellata Kerr, Hooker's Icon. Pl. 35: t. 3407. 1950.

自然分布

泰国；常见栽培。

鉴别特征

叶面青铜色，被白色斑纹；花序扁平。

迁地栽培形态特征

缠绕藤本，乳汁白色，植株被毛。

茎 粗2~6mm，粗糙，锈红色至土黄色，被毛；叶间隔长4~12cm；不定根发达。

叶 对生，青铜色，肉质，卵形至长圆状披针形，8~12cm×3.5~5cm，基部宽楔形，先端渐尖或急尖，尾尖细长，常反卷；叶表面常被白色斑纹，叶缘波浪状；中脉在叶面凸起，侧脉不清晰；叶柄圆柱形，10~15mm×3~5mm，锈红色，被毛。

花 伞状花序，多年生，表面扁平，球径约5cm；花序梗细长，50~80mm×1~2mm，被毛；花梗拱状，长22~10mm，被毛，外围长于内围；花萼直径4~5mm，被毛，萼片线形，顶尖；花冠浅黄色至粉色，直径约20mm，深裂，表面被疏长毛，背面无毛，裂片两侧边缘稍反卷，顶尖细长，反卷；副花冠白色，直径约7mm，稍透明，具红芯，裂片菱形，中脊菱状隆起，外角圆，内角三角形，倚靠在合蕊柱上；子房高约1.5mm。

受威胁状况评价

外来种，缺乏数据（DD）。

引种信息

华南植物园 20102718、20114511 市场购买。

深圳仙湖植物园 F0024401 泰国。

上海植物园 2010-4-0224 马来西亚。

上海辰山植物园 20102942 上海；20130366 泰国。

西双版纳热带植物园 0020181873 广州中医药大学。

昆明植物园 CN20161026 市场购买。

物候信息

勤花，温湿度合适时，全年可开。

华南植物园 生长较弱，未见冻害。

昆明植物园 花期4~8月。

迁地栽培要点

喜阳，亦耐阴，需温室大棚内栽培，适应性较弱，盆栽或绑树桩攀爬。
扦插易成活，温湿度适宜时，生长速度快；空气干燥时，注意补湿。

植物应用评价

观叶形，适应用于悬吊观赏。

华南植物园　昆明植物园
叶　花蕾发育期　下垂花序
扁平花序　花序背面　下垂花序　花正面

54
淡黄球兰

Hoya flavida P. I. Forst. & Liddle, Austrobaileya 4: 53-55. 1993.

自然分布

所罗门岛；常见栽培。

鉴别特征

扁平花序，平展花冠浅黄色，被白色长毛。

迁地栽培形态特征

缠绕藤本，乳汁白色，植株无毛。

茎 纤细，粗2~5mm，光亮，绿色，无毛；叶间隔长4~16cm；不定根发达。

叶 对生，深红色至绿色，卵状披针形至倒卵状长圆形，8~12cm×3~4cm，基部圆形至宽楔形，先端急尖，尾尖细长，常反卷；叶面光亮，新叶常为红色；中脉在叶面凸起，侧脉羽状，5~6对，隐约可见；叶柄圆柱形，10~25mm×2~4mm，无毛。

花 伞状花序，多年生，表面扁平，球径约5cm，着花10余朵；花序梗细长，50~120mm×2~3mm，无毛；花梗拱状，长24~12mm，外围长于内围；花萼直径4~5mm，萼片线形，顶尖；花冠黄色，平展，直径约18mm，清香，中裂，表面被毛，背面无毛，裂片边缘反卷；副花冠黄色，直径约5mm，稍透明，具红芯，裂片卵状披针形，中脊卵状隆起，外角圆，内角顶尖细长，倚靠在合蕊柱上；子房锥状，高约1mm。

受威胁状况评价

外来种，缺乏数据（DD）。

引种信息

华南植物园 20102753 市场购买。

昆明植物园 CN20161027 市场购买。

物候信息

勤花，温湿度合适时，全年可开。

华南植物园 生长良好，未见冻害；藤蔓生长旺盛，易发枝；叶常年偏红；几全年可观测花开，花量稀疏；花寿命较长，约1周。

昆明植物园 生长良好，花期7~8月。

迁地栽培要点

喜阳，亦耐阴，需温室大棚内栽培，适应性强，盆栽或绑树桩攀爬。

扦插易成活，温湿度适宜时，生长速度快；空气干燥时，注意补湿。

植物应用评价

观叶形,适应用于悬吊观赏。

55 台湾球兰

Hoya formosana T. Yamaz., Jap. Bot. 43: 223-224, f. 4. 1968.
Hoya carnosa var. *formosana* (T. Yamaz.) S. S. Ying. 1998.

自然分布

中国台湾特有种；稀见栽培。

鉴别特征

与 *Hoya carnosa* 相似，副花冠裂片外角较长，子房光滑无毛。

迁地栽培形态特征

附生缠绕藤本，缺乳汁，植株被毛。

🌱 茎 粗4~8mm，酒红色至橄榄灰色，被毛；叶间隔长2~12cm；不定根发达。

🍃 叶 对生，肉质，绿色，长圆形至长圆状披针形，7~11cm×4.5~5.5cm，基部圆至宽楔形，稀心形，先端急尖或渐尖，尾尖宽短；叶面几无毛，常被白色斑纹，具缘毛；中脉在叶背凸起，侧脉羽状，隐约可见，5~6对；叶柄圆柱形，15~20mm×4~5mm，粗壮，扭曲，被毛。

🌸 花 伞状花序，多年生，球形，球径6~7cm，着花多朵；花序梗较细，10~40mm×4~5mm，被毛；花梗线形，长30~32mm，被疏毛；花萼直径约7mm，萼片卵状披针形，被毛；花冠白色至浅紫色，平展，直径约21mm，中裂，表面被毛，背面无毛，裂片边缘反卷；副花冠白色，扁平，直径约9mm，具红芯，裂片卵形，中脊明显隆起，外角锐尖，几等高于内角，内角圆尖，顶尖细短，倚靠在合蕊柱上；子房柱形，高约2mm，光滑无毛。

受威胁状况评价

中国原生种，缺乏数据（DD）。

引种信息

华南植物园　20170831、20170832 台湾。

物候信息

华南植物园　生长良好，未见冻害；茎生长旺盛；几全年可观测到花开，花量多；花寿命长，约1周。

迁地栽培要点

耐寒，喜阳，亦耐阴，适应性强，盆栽或绑树桩攀爬。

扦插易成活，温度适宜时，生长速度快；空气干燥时，注意补湿。

植物应用评价

水汁型，易养护，耐旱耐热，可应用于花墙花柱攀爬。

在FOC中，本种被归并入 *Hoya carnosa* 中，1998年出版的 *Coloured Ill. Fl. Taiwan*，本种被处理为 *H. carnosa* 的一变种 *H. carnosa* var. *formosana*。根据迁地保育于华南植物园引自台湾的活植物持续观察，本种子房无毛，副花冠裂片外角明显偏长，故建议本种从 *H. carnosa* 中独立出来，恢复原 *H. formosana* 名。

56 护耳草

Hoya fungii Merr., Lingnan Sci. J. 13: 68. 1934.

自然分布

海南；未见栽培。

鉴别特征

与 *Hoya carnosa* 相似，叶中大型，副花冠裂片卵状披针形，子房光滑无毛。

迁地栽培形态特征

附生缠绕藤本，缺乳汁，植株被毛。

🟢 茎 粗3~8mm，被毛，酒红色至橄榄灰色；叶间隔长8（2）~18cm；不定根发达。

🟢 叶 对生，绿色，肉质；叶狭倒卵状披针形至长圆形，8~15cm×4.5~5cm，基部楔形至宽楔形，先端钝尖，尾尖细长；叶面光滑，几无毛，叶背被毛，具缘毛；中脉在叶背凸起，侧脉隐约可见，5~6对；叶柄圆柱形，20~30mm×3~4mm，粗壮，扭曲，被毛。

🟢 花 伞状花序，多年生，球形，直径约8cm，着花20余朵；花序梗纤细至粗壮，10~50mm，被毛；花梗线形，35~36mm，被疏毛；花萼直径约8mm，萼片狭卵状披针形，顶锐尖，被毛；花冠白中带粉，扁平，直径约20mm，清香，表面被密毛，背面无毛，边缘反卷；副花冠白色，扁平，直径约10mm，高约3mm，稍透明，裂片卵状披针形，拱状，外角长三角形，内角圆尖，顶尖短三角形，倚靠在合蕊柱上；子房锥形，高约2mm，顶尖，光滑无毛。

受威胁状况评价

中国原生种，缺乏数据（DD）。

引种信息

华南植物园　20030572　海南。

昆明植物园　缺引种信息。

物候信息

华南植物园　生长良好，未见冻害；生长旺盛；在阳光照射下，叶更厚，常被红色斑点；勤花，花期2月中下旬至10月；花寿命较长，约10天。

昆明植物园　花期4月。

迁地栽培要点

较耐寒，喜阳，适应性强，盆栽或绑树桩攀爬。

扦插易成活，温湿度适宜时，生长速度快；空气干燥时，注意补湿。

植物应用评价

水汁型，易养护，耐旱耐热，可应用于花墙花柱攀爬。

在FOC描述中，本种分布于云南、广西、广东和海南，全株无毛，叶椭圆状长圆形，叶长8~9cm，侧脉约7对。本种的模式 H. K. Fung, #20137 采集于海南，根据编者查阅于K、NY和A馆藏的同模标本，和国内多个标本馆馆藏的标本，以及迁地栽培于中国植物园被认为是 Hoya fungii 的植株，认为FOC描述的 H. fungii 很可能存在分类问题，故本志书对本种的描述依据仅限于华南植物园引自海南的迁地栽培形态。

57 黄花球兰

Hoya fusca Wall., Pl. Asiat. Rar. 1: 68, pl. 75. 1830.

自然分布

西藏南部、云南西北部,以及尼泊尔等;未见栽培。

鉴别特征

附生灌木,反折花冠黄色,副花冠不透明。

迁地栽培形态特征

附生灌木,乳汁白色,植株无毛。

🟢 **茎** 粗壮,粗5~8mm,绿色至橄榄灰色,无毛;叶间隔长3~8cm;不定根偶见,短。

🟢 **叶** 对生,绿色,长圆形,10~14cm×3.5~4.8cm,基部圆形,先端钝尖;中脉在叶背凸起,侧脉羽状,10~11对,深绿色;叶柄短,10~15mm×2~3mm,具浅槽,无毛。

🟢 **花** 伞状花序,一年生,顶生或腋生,球形,着花40余朵;花序梗粗壮,40~60mm,绿色;花梗线形,淡绿色;萼片阔卵形,钝头;花冠黄色,完全反折,中裂,表面被柔毛,背面无毛,裂片两侧向背面反卷;副花冠乳白色,不透明,具浅红芯,裂片卵状长圆形,拱状,表面内侧卵状凹陷,外角几等高于内角。

🟢 **果** 绿色,约100mm×7mm,线形,无毛,表面具沟痕。

受威胁状况评价

中国原生种,未评价;易受环境影响,或滥采而致危,建议调整至易危(VU)。

引种信息

华南植物园 20160704 云南腾冲;20200048 西藏墨脱。
昆明植物园 CL201708 麻栗坡。

物候信息

华南植物园(控温玻璃温室) 生长速度较慢,分枝少;观测到花序萌发,花蕾膨大困难,未观测到花开。

迁地栽培要点

较耐寒,喜阳,亦耐阴,盆栽或板植。
扦插相对难,温度适宜时,生长速度较慢;空气干燥时,注意补湿。
对基质的湿度和透水性敏感,根系易发生病变或虫害。

植物应用评价

暂未驯化成功。

FOC认为本种广布于泛喜马拉雅山，即我国西南地区（广西）至西藏南部，及中南半岛和西喜马拉雅山。*Hoya fusca*是由Wallich于1830年根据其采集于尼泊尔的8157号标本描述。查阅馆藏于K和E的同模标本，和国内多个标本馆馆藏的标本，以及迁地栽培于中国植物园被鉴定为*H. fusca*的植株，结合野外调查，编者认为FOC描述的*H. fusca*很可能存在分类问题，如图（西藏南部至云南西北部与云南南部至广西）的花冠形态特征差异明显，蓇葖果形态差异亦显著，故*H. fusca*可能只分布于藏南至高黎贡山，以及尼泊尔等。鉴于本种至今未见修订文献，本志书暂保留FOC的观点，描述依据仅限于华南植物园引自云南腾冲和西藏墨脱的引种植株。

迁地栽培植株（引自云南德宏）　　　　　　　　　　　蓇葖果

西藏南部至云南西北部

广西和云南

58 褐缘球兰

Hoya fuscomarginata N. E. Br., Bull. Misc. Inform. Kew 1910: 278. 1910.

自然分布

婆罗洲；常见栽培。

鉴别特征

大心叶，叶缘深红色，花扁平，平展花冠浅黄色，副花冠浅咖啡色。

迁地栽培形态特征

附生缠绕藤本，乳汁白色，植株无毛。

🌿**茎** 粗糙，粗2～6mm，褐色至灰白色，无毛；叶间隔长9～22cm；不定根发达，较短。

🌿**叶** 大型，对生，绿色，心形至心状披针形，12～20cm×5.5～8.2cm，基部心形或圆形，先端钝尖，尾尖细短，长5～10mm；基出三脉，隐约可见；叶柄圆柱形，20～30mm×4～6mm，粗壮，扭曲。

🌸**花** 伞状花序，多年生，球形，球径8～9cm，着花多朵；花序梗较短，20～50mm×2～4mm；花梗线形，长约30mm；花萼直径5～6mm，萼片宽线形；花冠黄色，平展，展开直径约16mm，浓香，深裂至近基部，表面被稀短柔毛，背面无毛，裂片边缘反卷；副花冠浅咖啡色，扁平，直径约7mm，高约2mm，裂片菱形，拱形，外角披针状，稍向上反折，内角圆尖，顶尖细短，倚靠在合蕊柱上；子房高约1.5mm。

受威胁状况评价

外来种，缺乏数据（DD）。

引种信息

华南植物园 20121330 市场购买。

深圳仙湖植物园 F0024542 泰国。

上海辰山植物园 20130377 泰国。

昆明植物园 CN20161030 市场购买。

物候信息

勤花，温湿度合适时，全年可开。

华南植物园 生长良好，未见冻害；藤蔓生长茂盛；几全年可观测到花开，花量稀少；花寿命短，1～2天。

迁地栽培要点

喜阳，亦耐阴，需温室大棚内栽培，适应性强，盆栽或绑树桩攀爬。

扦插易成活，温度适宜时，生长速度快；空气干燥时，注意补湿。

植物应用评价

观叶型，可应用于附生墙（柱）观赏。

花寿命短，约1天

59 高黎贡球兰

Hoya gaoligongensis M. X. Zhao & Y. H. Tan, Phytotaxa 459: 220. 2020.

自然分布

云南高黎贡山；未见栽培。

鉴别特征

与 *Hoya yuennanensis* 相似，叶长圆形，副花冠斜立。

迁地栽培形态特征

附生匍匐状藤本，乳汁白色，植株被毛。

🟢 **茎** 匍匐状缠绕，粗4~6mm，绿色，被毛；叶间隔长6~20cm；不定根发达。

🟢 **叶** 对生，绿色，肉质；长圆形至倒圆状长圆形或匙形，9~15cm×2.5~3.5cm，基部圆形，先端圆，尾尖细短；叶面几无毛，叶背被毛，具缘毛；中脉在叶背凸起，侧脉隐约可见，5~6对，老时厚肉质，不明显；叶柄圆柱形，20~30mm×4~6mm，被毛，绿色，扭曲。

🟢 **花** 伞状花序，多年生，球形，着花10余朵；花序梗绿色，25~55mm×3~4mm，被毛；花梗线形，长2.9~3.3mm，浅绿中带紫红斑点，几无毛；花萼直径约5mm，萼片阔卵形，2mm×1.8mm，绿色，钝尖，被疏毛，具缘毛；花冠乳白色，展开直径20~21mm，完全反折，中裂，表面被毛，背面无毛，两侧边缘向后反卷；副花冠乳白色，直径7~8mm，高约3mm，斜立，裂片卵形，表面内侧狭卵状凹陷，外角圆，向上斜升，内角圆尖，顶尖纤细，长约1.5mm；子房高约2mm，钝尖。

🟢 **果** 未见。

受威胁状况评价

中国原生种，易危（VU）。

引种信息

华南植物园 20170734 云南保山。

物候信息

华南植物园 生长较慢，适应性稍欠佳，未见冻害；叶常年青绿，栽培多年，观测到花序萌发，花蕾萌发始期，常停止发育，直至2021年11月，才首次观察到花。

迁地栽培要点

较耐寒，喜阳耐旱，盆栽或绑树桩攀爬。

扦插易成活，生长速度较慢；空气干燥时，注意补湿。

忌积水，基质过湿时，易烂根。

植物应用评价

暂未驯化成功。

藤蔓 | 拍摄于高黎贡山 | 叶 | 萌发的花序梗，花蕾发育迟缓 | 花 | 花 | 拍摄于高黎贡山

151

60 毛球兰

Hoya globulosa Hook. f., Gard. Chron. 1: 732. 1882.
Hoya villosa Cost. 1912.

自然分布

广布于中国西南石灰岩地区，以及越南、老挝等；常见栽培。

鉴别特征

与 *Hoya yuennanensis* 相似，缠绕藤本，叶脉清晰，深绿色。

迁地栽培形态特征

附生缠绕藤本，乳汁白色，全株被密毛。

🟢 茎 粗壮，粗5～10mm，绿色，被密毛；叶间隔长5～15cm；不定根发达。

🟢 叶 对生，绿色，肉质，长圆形至长方状圆形，120～180mm×36～66mm，基部圆形，先端圆尖，尾尖短；叶两面被毛；中脉在叶背凸起，侧脉羽状，5～6对，深绿色；叶柄圆柱形，15～25mm×3～5mm，扭曲，被密毛。

🟢 花 伞状花序，多年生，球形，球径7～8cm，着花50余朵；花序梗粗壮，长3～8cm，被密毛；花梗线形，长约30mm，浅绿色，被密毛；萼片圆形，约2mm×2mm，钝头，被密毛；花冠乳白至黄色，完全反折，展开直径约16mm，深裂，表面被密毛，背面无毛，裂片边缘反卷；副花冠乳白色，平展，直径约8mm，高约2.5mm，不透明，裂片倒椭圆形，外角圆，明显向上抬高，内角圆，顶尖细长；子房柱形，高约2mm，钝头。

受威胁状况评价

中国原生种，无危（LC）。

引种信息

华南植物园　20102758 市场购买；20112334 西双版纳热带植物园；20160714 贵州安顺；20210021 云南。

深圳仙湖植物园　F0024459、F0024533、F0024427 泰国；F0024653 云南。

上海植物园　2014-4-0407 广西垌中附近沟谷。

上海辰山植物园　20120519 泰国；20130928 广西；20130408 泰国。

昆明植物园　CN20161033 贵州。

西双版纳热带植物园　0020023883 未知；0019900129 云南勐腊勐哈石灰山。

厦门市园林植物园　缺引种号 市场购买。

物候信息

华南植物园　生长良好；藤蔓生长旺盛；花刚开时乳白色，后逐渐变为浅黄色至黄色，花期5～6月；花寿命较长，约1周。

昆明植物园　花期7月。

迁地栽培要点

较耐寒，喜阳，适应性强，盆栽或绑树桩攀爬。

扦插易成活，温度适宜时，生长速度快；空气干燥时，注意补湿。

植物应用评价

观叶型，显脉，可应用于花墙花柱攀爬。

FOC本种记录为 *Hoya villosa*，后于2017年合并入 *H. globulosa*。

花寿命较长，约1周，花色从乳白色转至黄色

61
戈兰柯球兰

Hoya golamcoana Kloppenb., Fraterna 1991(3):, Philipp. Hoya Sp. Suppl.: II 1991.

华南植物园　　昆明植物园

自然分布

菲律宾；常见栽培。

鉴别特征

与 *Hoya cumingiana* 相似，花白色。

迁地栽培形态特征

附生下垂灌木，乳汁白色，植株被毛。

🌿 茎 下垂，长可达2m，粗3~6mm，被毛，绿色；叶间隔长2~4cm；不定根稀疏，短。

🌿 叶 对生，绿色，倒长椭圆状心形，40~50mm×18~22mm，基部心形，耳明显，先端圆尖，尾尖极短；叶面光亮，两面被毛，叶背毛更密集，具缘毛；中脉在叶背凸起，侧脉不明显；叶柄极短，长3～5mm，被毛。

🌼 假伞状花序，多年生，顶生和腋生，球形，着花多朵；花序梗被毛，易脱落；花梗被疏毛，浅绿色；花冠白色，完全反折，深裂，表面被柔毛，背面无毛，边缘反卷；副花冠平展，具红芯。

受威胁状况评价

外来种，缺乏数据（DD）。

引种信息

华南植物园 20102759 市场购买。
深圳仙湖植物园 F0024561 泰国；F0024326 漳州。
上海植物园 2010-4-0251 马来西亚。
上海辰山植物园 20120520 泰国；20122970 浙江。
昆明植物园 CN20161034 市场购买。

物候信息

华南植物园 生长良好，未见冻害；茎蔓生长旺盛；叶常年青绿；栽培多年，未观测到花开。
昆明植物园 花期8～9月。

迁地栽培要点

喜阳耐旱，适应性较好，盆栽或绑树桩攀爬。
扦插易成活；空气干燥时，注意补湿。

植物应用评价

灌木型，可应用于附生墙（柱）观赏。

62 格林球兰

Hoya greenii Kloppenb., Fraterna 1995(2): 12. 1995.

自然分布

菲律宾；常见栽培。

鉴别特征

反折花冠白色，被微毛，副花冠裂片表面极狭窄。

迁地栽培形态特征

附生藤本，乳汁白色，植株无毛。

🟢 茎 粗2~3mm，绿色，无毛；叶间隔长2~10cm；不定根稀疏。

🟢 叶 对生，肉质，浓绿，长圆形至狭卵状披针形，8~12cm×1.5~2cm，基部宽楔形，先端钝尖或锐尖；中脉在叶背凸起，侧脉网状，在叶面隐约可见，叶柄具槽，长10~15mm，绿色，无毛。

🌼 伞状花序，多年生，伞形，松散，着花多朵；花序梗长4~6cm，绿色，无毛；花梗纤细，24mm，浅绿色，无毛；花冠白色，完全反折，表面被柔毛，背面无毛，裂片两侧向背面反卷；副花冠白色，具红芯，裂片斜立，狭卵状披针形，上表面极窄，外角尖，内角圆，顶尖短。

受威胁状况评价

外来种，缺乏数据（DD）。

引种信息

华南植物园 20102757 市场购买。
深圳仙湖植物园 F0024519 泰国。
上海植物园 2010-4-0253 马来西亚。
上海辰山植物园 20120523 泰国。

物候信息

勤花，温湿度合适时，全年可开。
华南植物园 根系对湿度敏感，导致植株生长欠佳；观测到花开，稀少。

迁地栽培要点

喜阳，亦耐阴，需温室大棚内栽培，盆栽或绑树桩攀爬。
扦插易成活，温湿度适宜时，生长速度快；空气干燥时，注意补湿。
忌积水；根系生长较弱，易发生病害或虫害。

植物应用评价

球花型，可应用于藤架或墙（柱）攀爬。

花

63 荷秋藤

Hoya griffithii Hook. f., Fl. Brit. India 4: 59. 1883.
Hoya kwangsiensis Tsiang & P. T. Li. 1974.
Hoya lancilimba Merr. 1932.
Hoya tsoi Merr. 1934.
Hoya lancilimba f. *tsoi*（Merr.）Tsiang. 1975.

自然分布

海南、广东、云南和贵州；未见栽培。

鉴别特征

辐射状大花冠，副花冠裂片上表面边缘抬升，靠近内角侧延伸一对细钩。

迁地栽培形态特征

附生缠绕藤本，乳汁白色，植株无毛。

茎 粗壮，粗4~8mm，绿色，具光泽；叶间隔长6~15cm；不定根偶见。

叶 对生，深绿，厚肉质，长圆形，12~18cm×3.5~4cm，基部楔形至宽楔形，狭基不明显，先端钝尖，尾尖短；叶面稍粗糙，中脉在叶背凸起，侧脉不清晰；叶柄圆柱形，20~30mm×3~6mm，具浅槽，扭曲。

花 伞状花序，多年生，球形，着花5~6朵；花序梗粗，40~100mm×4~6mm，绿色；花梗粗，28~30mm×2mm，无毛；萼片直径11~12mm，龙骨状，钝头，具缘毛；花冠白色至粉色，平展，直径38~42mm，深裂，表面被柔毛，背面无毛，边缘稍反卷；副花冠平展，直径11~12mm，高约6mm，合蕊柱与裂片几等高，裂片厚肉质，外角厚约2.5mm，内角厚约4mm，上表面边缘抬升，靠近内角侧延伸一对细钩，内角顶尖细长；子房柱形，高约4mm。

受威胁状况评价

中国原生种，无危（LC）。

引种信息

华南植物园 20160219 深圳仙湖植物园。
深圳仙湖植物园 缺引种信息。
西双版纳热带植物园 1020020177 云南思茅。
昆明植物园 缺引种号 云南。

物候信息

华南植物园 茎蔓生长旺盛；花期7~10月，光照良好时，花量较多；花寿命较长，约1周。
昆明植物园 生长良好，花期6~7月。

迁地栽培要点

较耐寒，喜阳，适应性强，开花需强光照射，盆栽或绑树桩攀爬。
扦插易成活，温度适宜时，生长速度快；空气干燥时，注意补湿。

植物应用评价

大花型，可应用于藤架或墙（柱）攀爬。

64
海南球兰

Hoya hainanensis Merr., Philipp. J. Sci. 23: 263. 1923.

自然分布

海南、广东、福建南部，以及越南；未见栽培。

鉴别特征

羽状脉，常具狭基，反折花冠白色，被短柔毛。

迁地栽培形态特征

附生缠绕小藤本，乳汁白色，植株无毛。

🌿 茎 纤细，粗1~3mm，无毛，具光泽，绿色，多分枝；叶间隔长4~10cm；不定根稀少。

🍃 叶 对生，绿色，无毛，叶形变化大，卵形至阔卵形，或长圆状披针形，6~12cm×2.2~4cm，基部钝尖或圆形，常具明显狭基，先端钝尖或渐尖，尾尖细长，或较短；叶面光滑，具光泽；中脉在叶背凸起，侧脉羽状，3~4对，隐约可见；叶柄圆柱形，长5~15mm，具浅槽，扭曲。

🌸 花 伞状花序，多年生，球形，直径5~6cm，着花10~30朵；花序梗长1~6cm，绿色；花梗线形，长17~18mm，浅绿色；萼片线形，1.5~2mm×0.8mm，浅绿色；花冠白色至浅紫红色，完全反折，展开直径13~15mm，深裂，表面被短柔毛，背面无毛，边缘反卷；副花冠白色，直径6~7mm，高约3mm，稍透明，具红芯，裂片卵形，斜立，上表面内侧卵状凹陷，外角钝尖，内角圆尖，顶尖极短；子房高约1mm。

受威胁状况评价

中国原生种，无危（LC）。

引种信息

华南植物园　20100885 福建安溪；20052040 海南保亭；20020853、20091572、20051764、20115880、20051800和20051917 海南。

物候信息

华南植物园　生长良好，未见冻害；生长旺盛，易抽枝；叶常年绿色，新叶红褐色；花期3~8月，勤花，花量多；花寿命长，约1周。

迁地栽培要点

较耐寒，喜阳，易耐阴，适应性强，盆栽或绑树桩攀爬。

扦插易成活，温湿度适宜时，生长速度快；空气干燥时，注意补湿。

植物应用评价

球花型，可应用于悬吊观赏或墙柱攀爬。

在FOC中，本种合并入卵叶球兰（*Hoya ovalifolia*）。卵叶球兰的模式采集于喜马拉雅山，本种的模式采集于海南岛。基于两种模式标本的观察，及迁地保育于中国植物园的被鉴定为本种的植株持续物候观察，编者认为 *H. hainanensis* 和 *H. ovalifolia* 是两个不同种，故建议 *H. hainanensis* 从 *H. ovalifolia* 中分离出来，恢复其原种名。从迁地保育于华南植物园的植株观察，本种多样性丰富，叶形多样，花色主要有白色和粉紫色两种。

65 海岸球兰

Hoya halophila Schltr., Bot. Jahrb. Syst. 50: 107. 1913.

自然分布

新几内亚；常见栽培。

鉴别特征

双裂片，叶面光亮，反折花冠红色，上裂片菱形，外角明显低于内角。

迁地栽培形态特征

附生藤本，乳汁白色，植株被柔毛。

茎 粗2~4mm，酒红色至绿色，被柔毛；叶间隔较密集，长3~8cm；不定根发达。

叶 对生，绿色，厚肉质，叶形多样，椭圆形或卵形至狭卵形，或倒卵形，30~60mm×20~25mm，基部圆至楔形，有时具长狭基，先端急尖，尾尖明显，长3~6mm；叶毛稀疏，具缘毛；中脉在叶背凸起，侧脉不清晰；叶柄圆柱形，长5~9mm，纤细，被柔毛。

花 假伞形花序，多年生，扁平或稍凹，紧凑，球径35~45mm，着花20余朵；花序梗长8~12cm，被疏柔毛，酒红色至绿色，常密被红点；花梗拱状，长20~10mm，外围长于内围，酒红色，无毛；花萼直径3~4mm，萼片卵形，顶尖，被疏柔毛；花冠酒红色，冠径约6mm，高约8mm，完全反折，表面被长柔毛，背面无毛，裂片顶尖反卷；副花冠酒红色，直径约5mm，高约3mm，上裂片卵形，下裂片明显伸出；子房线形，高约2mm。

果 幼时酒红色，细长，无毛。

受威胁状况评价

外来种，缺乏数据（DD）。

引种信息

华南植物园　20142586　市场购买。

深圳仙湖植物园　F0024526　泰国。

昆明植物园　CN20161039　市场购买。

物候信息

勤花，温湿度合适时，全年可开。

华南植物园　生长良好，未见冻害；茎蔓生长旺盛；阳光下或昼夜温差大时，叶常转红；几全年可观测到花开，花量多；花寿命较长，约10天。

迁地栽培要点

喜阳，亦耐阴，需温室大棚内栽培，适应性强，盆栽或绑树桩攀爬。

扦插易成活，温湿度适宜时，生长速度快；空气干燥时，注意补湿。

植物应用评价

双裂型，叶和花都小巧精致，观赏性好，可应用于悬吊观赏。

66 希凯尔球兰

Hoya heuschkeliana Kloppenb., Hoyan 11(1: 2): i. 1989.

自然分布

菲律宾群岛；常见栽培。

鉴别特征

双裂片，花冠坛状，花粉色。

迁地栽培形态特征

附生小藤本，乳汁白色，被柔毛。

茎 匍匐状，粗1~3mm，酒红色至绿色，被柔毛；叶间隔较密集，长1~4cm；不定根发达。

叶 对生，绿色至红色，肉质，卵形至卵圆形，18~40mm×11~20mm，基部圆，具短狭基，先端钝尖，尾尖短；叶具缘毛；中脉在叶背凸起，侧脉不清晰；叶柄纤细，长3~9mm，被柔毛。

花 假伞形花序，多年生，球形，球径16~20mm，着花6~8朵；花序梗短，长10~16mm；花梗线形，3~4mm，浅绿色，无毛；花萼直径2~3mm，萼片线形；花冠浅酒红色，酒坛状，最宽直径约5mm，高约3mm，浅裂，表面被柔毛，背面无毛，裂片完全反折；副花冠双裂片，直径约3mm，具红芯，下裂片稍伸出；纤细，高约3mm。

受威胁状况评价

外来种，缺乏数据（DD）。

引种信息

华南植物园　20102763　市场购买。
深圳仙湖植物园　F0024502　泰国。
上海植物园　2010-4-0254　马来西亚。
北京市植物园　20193020　市场购买。

物候信息

勤花，温湿度合适时，全年可开。
华南植物园　生长良好，未见冻害；茎蔓生长旺盛，多枝；阳光下或昼夜温差大时，叶常转红；几全年可观测到花开，花量多；花寿命较长，约1周。

迁地栽培要点

喜阳，亦耐阴，需温室大棚内栽培，适应性强，盆栽或绑树桩攀爬。
扦插易成活，温湿度适宜时，生长速度快；空气干燥时，注意补湿。

植物应用评价

双裂型,叶和花小巧精致,观赏性好,可应用于悬吊观赏。

67 黄花希凯尔

Hoya heuschkeliana subsp. *cajanoae* Kloppenb. & Siar. Fraterna 20(4): 9. 2007.

植株

自然分布

菲律宾群岛；常见栽培。

鉴别特征

与原变种的区别，花较大，黄色。

迁地栽培形态特征

附生藤本，乳汁白色，被疏柔毛。

🟢茎 匍匐状，粗1~3mm，绿色，被疏柔毛；叶间隔密集，长1~4cm；不定根发达。

🟢叶 对生，绿色至红色，贝壳状，卵形至圆形，18~30mm×15~28mm，基部圆，具短狭基，先端圆，尾尖极短；叶具缘毛；中脉在叶背凸起，侧脉不清晰；叶柄纤细，长3~9mm，被柔毛。

🟢花 假伞形花序，多年生，球形，球径12~18mm，着花6~8朵；花序梗短，长10~16mm，被疏柔毛；花梗线形，3~4mm，无毛；花萼直径约3mm，萼片线形，绿色；花冠黄色，酒坛状，最宽直径约5mm，高约4mm，浅裂，表面被柔毛，背面无毛，裂片完全反折；副花冠双裂片，明黄色，直径约4mm，高约3mm，上裂片卵形，下裂片明显伸出；子房纤细，高约2mm。

受威胁状况评价

外来种，缺乏数据（DD）。

引种信息

华南植物园 20102764 市场购买。

深圳仙湖植物园 F0024672 泰国。

上海辰山植物园 20120525、20130380 泰国。

昆明植物园 CN20161041 市场购买。

物候信息

勤花，温湿度合适时，全年可开。

华南植物园 生长良好，2014年春节有轻微冻害；茎蔓生长旺盛，多枝；几全年可观测到花开，花量较多；花寿命较长，约1周；与原亚种比较，适应性稍差，当温度偏低时，花量明显相对较少。

昆明植物园 花期4～9月。

迁地栽培要点

喜阳，亦耐阴，需温室大棚内栽培，适应性强，盆栽或绑树桩攀爬。

扦插易成活，温湿度适宜时，生长速度快；空气干燥时，注意补湿。

植物应用评价

双裂型，叶和花都小巧精致，观赏性好，可应用于悬吊观赏。

68 毛叶球兰

Hoya hypolasia Schltr. Bot. Jahrb. Syst. 50: 123. 1913.

自然分布

新几内亚；常见栽培。

鉴别特征

叶线形，副花冠直立，外角与内角顶尖呈直角。

迁地栽培形态特征

附生小藤本，乳汁白色，植株被毛。

茎 纤细，粗1~5mm，被毛，褐色；叶间隔长达3~15cm；不定根较少。

叶 对生，肉质，绿色，被毛，狭心状披针形，80~150mm×10~26mm，基部心形，先端渐尖；叶两面被毛，具缘毛；叶脉明显，浅绿色，侧脉羽状，5~6对；叶柄圆柱形，6~12mm×2~4mm，扭曲，绿色，被毛。

花 伞状花序，多年生，球形，着花10余朵；花序梗细长，长60~12mm，褐色，被毛；花梗线形，长33~34mm，浅绿色，被毛；花萼直径3~4mm，萼片纤细，被毛；花冠黄色，平展，展开直径约21mm，清香，深裂，表面被密长毛，背面无毛，裂片边缘稍反卷；副花冠黄色，直径约7mm，高约6mm，裂片直立，外角与内角顶尖呈直角；子房圆柱形，约2.5mm×1mm。

受威胁状况评价

外来种，缺乏数据（DD）。

引种信息

华南植物园 20102765 市场购买。

深圳仙湖植物园 F0024466 泰国；F0024344 漳州。

上海植物园 2010-4-0255 马来西亚。

昆明植物园 CN20161042 市场购买。

物候信息

勤花，温湿度合适时，全年可开。

华南植物园 生长良好，未见冻害；栽培多年，直至2020年开始观测到花开，花量稀少；花寿命较长，4~5天；忌干燥，当花在相对湿度低的环境下，易枯萎。

昆明植物园 未见开花。

迁地栽培要点

不耐寒，耐阴喜湿，需温室大棚内栽培，盆栽或绑树桩攀爬。

扦插易成活，空气干燥时，注意补湿。

植物应用评价

球花型，可应用于悬吊观赏。

69 皇冠球兰

Hoya ignorata T. B. Tran, Rodda, Simonsson & Joongku Lee, Novon 21: 509. 2011.

自然分布

越南、沙巴和泰国；稀见栽培。

鉴别特征

小灌木，花极小，副花冠裂片连合，5浅裂。

迁地栽培形态特征

附生小灌木，乳汁白色，植株无毛。

🌿**茎** 粗糙，粗2~4mm，高约20cm，无毛；叶间隔较密集，长1~6cm；不定根稀缺。

🌿**叶** 对生，深绿，卵形至卵状披针形，5~8cm×2.5~3.2cm，基部楔形至心形，叶耳明显，先端急尖或钝尖，尾尖细长；叶面常凹凸不平，叶缘波浪状；中脉在叶背凸起，侧脉不清晰；叶柄极短，不超过2mm。

🌸**花** 伞状花序，多年生，隐藏于叶下，紧凑，扁平，直径约10mm，着花13朵；花序梗短，长10~15mm；花梗拱形，长5~1mm，浅绿，外围长于内围；花萼直径约2mm，裂片宽卵形；花冠黄色，小，完全反折，展开直径约4mm，中裂，表面被短柔毛，背面无毛，边缘及顶尖完全反折；副花冠杯状，直径2mm，高0.8mm，裂片连合，5浅裂；花粉块下垂。

🍎**果** 未见。

受威胁状况评价

外来种，缺乏数据（DD）。

引种信息

华南植物园 20150412 市场购买。

物候信息

勤花，温湿度合适时，全年可开。

华南植物园 生长良好，未见冻害；茎生长较慢；常年青绿，光线优良时，常被红色斑点；几全年可观测到花开，花量较多；花寿命较长，约1周。

迁地栽培要点

较耐寒，喜阳，亦耐阴，需温室大棚内栽培，适应性强，盆栽或板植。

扦插易成活，空气干燥时，注意补湿。

对基质的湿度和透水性敏感，根系易发生病变或虫害。

植物应用评价

奇花型，花小奇特，可应用于盆栽观赏。

70 火红球兰

Hoya ilagiorum Kloppenb., Siar & Cajano, Asia Life Sci. 20: 264. 2011.

自然分布

菲律宾；常见栽培。

鉴别特征

与 *Hoya blashernaezii* subsp. *valmayoriana* 相似，副花冠裂片表面明显凹陷。

迁地栽培形态特征

附生小藤本，乳汁白色，植株无毛。

🌿 茎 粗糙，纤细，直径3~4mm；叶间隔较长，长5~15cm；不定根发达。

🍃 叶 对生，肉质，长椭圆形至长椭圆状披针形，12~16cm×3.2~5cm，基部宽楔形，先端钝尖，尾尖细长；叶脉浅绿色，侧脉2~3对；叶柄圆柱形，10~20mm×4~6mm，粗壮。

🌸 花 伞状花序，多年生，球形，紧凑，球径50~60mm，着花18~20朵；花序梗细长，长2~6cm，宿存花梗痕迹可长达10cm及以上；花梗线形，长16~18mm，浅绿；花萼直径4~5mm，裂片三角形，短小；花冠橘红色，完全反折，高约6mm，展开直径约12mm，中裂，表面被短柔毛，背面无毛，裂片边缘反卷；副花冠紫色，直径约6mm，高约4mm，裂片卵状披针形，斜立，上表面内侧卵状凹陷，外角锐尖，内角圆，顶尖细短；子房锥形，高约1.5mm。

受威胁状况评价

外来种，缺乏数据（DD）。

引种信息

华南植物园 20150410 深圳仙湖植物园。

深圳仙湖植物园 F0024520 泰国。

物候信息

勤花，温湿度合适时，全年可开。

华南植物园 生长良好，未见冻害；茎蔓生长较慢；叶常年偏红；几全年可观测到花开，花量多；花寿命短，1~2天。

迁地栽培要点

喜阳，亦耐阴，需温室大棚内栽培，适应性强，盆栽或绑树桩攀爬。

扦插易成活，温度适宜时，生长速度快；空气干燥时，注意补湿。

植物应用评价

艳花型，可应用于悬吊观赏。

71 玳瑁球兰

Hoya imbricata Callery & Decne., Prodr. 8: 637. 1844.

华南植物园　　昆明植物园

自然分布

菲律宾；常见栽培。

鉴别特征

叶贝壳状，常被白色至红色斑纹。

迁地栽培形态特征

附生匍匐藤本，乳汁白色，植株被毛。

🟢茎 纤细，粗1～3mm，绿色，被毛；叶间隔长3～10cm，不定根发达。

🟢叶 对生，厚肉质，贝壳状圆形，55～75mm×53～75mm，基部心形，耳明显，先端圆；叶面绿色，被白色至红色斑纹，叶背绿色至紫红色，具缘毛，叶缘不平；叶脉不清晰；叶柄短，长2~3mm。

🌸 伞状花序，多年生，着花多数；花梗浅绿色，无毛；花冠黄色，完全反折，深裂，表面被密毛，背面无毛，裂片边缘反卷，顶尖反折；副花冠乳白色，裂片卵形，中脊明显隆起，外角圆。

受威胁状况评价

外来种，缺乏数据（DD）。

引种信息

华南植物园 20102742 市场购买。
深圳仙湖植物园 F0024489 泰国。
上海植物园 2010-4-0256 马来西亚。
上海辰山植物园 20120527 泰国。
昆明植物园 缺引种信息 市场购买。

物候信息

华南植物园 生长良好，未见冻害；茎蔓生长慢；栽培多年，未观测到花开。

迁地栽培要点

喜阳，亦耐阴，需温室大棚内栽培，适应性强，或上板，或绑树桩攀爬。
扦插易成活；空气干燥时，注意补湿。

植物应用评价

观叶型，叶型奇特，可应用于悬吊或攀柱观赏。

72 帝王球兰

Hoya imperialis Lindl., Edwards's Bot. Reg. 33: sub t. 68. 1847.

植株

自然分布

泰国、马来群岛、菲律宾等；常见栽培。

鉴别特征

辐射大花冠直径达6~8cm，深红色。

迁地栽培形态特征

缠绕大藤本，乳汁白色，植株无毛。

🌿 茎 粗壮，粗6~10mm，绿色；叶间隔长2~16cm；不定根稀缺。

🍃 **叶** 对生，厚肉质，长圆形，11～20cm×5～7cm，基部圆形，先端钝圆，尾尖极短；叶脉在叶面凸起，侧脉羽状，约11对；叶柄圆柱形，长20～30mm，无毛。

🌸 **花** 伞状花序，多年生，伞形，着花3～12朵；花序梗较长，长10～12cm；花梗线形，粗壮；花冠深红色，近钟状，厚肉质，直径60～80mm，中裂，表面几无毛，背面无毛，边缘稍微反卷；副花冠黄色，平展，厚肉质，裂片倒狭卵形，中脊明显隆起，外角圆，内角渐尖，顶尖。

受威胁状况评价
外来种，缺乏数据（DD）。

引种信息
华南植物园 20102768 市场购买；20210156 天亦老赠送。
深圳仙湖植物园 F0024557 泰国。
上海植物园 2010-4-0257 马来西亚。

物候信息
勤花，温湿度合适时，全年可开。
华南植物园 生长良好，长期低温（低于5℃时）有严重冻害，甚至死亡；开花较困难，花寿命长，10～12天。

迁地栽培要点
不耐寒，喜阳，需温室大棚内栽培，盆栽或绑树桩攀爬。
扦插易成活，温度适宜时，生长速度快；空气干燥时，注意补湿。

植物应用评价
大花型，应用于盆栽、藤架或墙（柱）攀爬。

73
隐脉球兰

Hoya inconspicua Hemsl., Bull. Misc. Inform. Kew 1894: 213. 1894.

自然分布

所罗门岛；常见栽培。

鉴别特征

双裂片，叶狭卵状，两端披针形，花序表面扁平。

迁地栽培形态特征

附生缠绕藤本，乳汁白色，植株被疏柔毛。

🌿 茎 稍粗糙，粗1~3mm，绿色，被疏柔毛；叶间隔长2~8cm；不定根发达。

🌿 叶 对生，肉质，狭卵状两端披针状，8~11cm×1.2~2cm，基部楔形，先端渐尖，尾尖细长；叶面光亮，具光泽，叶缘不平；中脉在叶背稍凸起，侧脉不清晰；叶柄圆柱形，10~15mm×2~3mm，绿色，被疏柔毛。

🌿 花 假伞形花序，多年生，扁平或稍凸起，球径40~45mm，着花16~18朵；花序梗细长，长120~150mm，被疏柔毛；花梗拱状，长22~15mm，外围长于内围，无毛；花萼直径3~4mm，萼片三角形；花冠黄中带红，完全反折，直径约6mm，高约5mm，表面被柔毛，背面无毛，边缘反卷形成一高约3mm的圆环；副花冠双裂片，伞状凸起，直径约5mm，高约3.5mm，下裂片明显从底部伸出；子房锥形，高约1mm，顶尖纤细。

受威胁状况评价

外来种，缺乏数据（DD）。

引种信息

华南植物园 20121321 市场购买。

深圳仙湖植物园 F0024491 泰国。

物候信息

勤花，温湿度合适时，全年可开。

华南植物园 生长良好，未见冻害；叶常年青绿，新叶常为红褐色；几全年可观测到花开，花量多；花寿命较长，约1周。

迁地栽培要点

喜阳，亦耐阴，需温室大棚内栽培，适应性强，盆栽或绑树桩攀爬。

扦插易成活，温度适宜时，生长速度快；空气干燥时，注意补湿。

植物应用评价

双裂型，可应用于悬吊观赏。

179

74 厚冠球兰

Hoya incrassata Warb., in Perkkins, Fragm. Fl. Philipp. 1: 130 1905.

自然分布
菲律宾；常见栽培。

鉴别特征
双色反折花冠，被短柔毛，副花冠扁平。

迁地栽培形态特征
附生缠绕藤本，乳汁白色，植株无毛。

茎 粗糙，粗4~6mm，淡绿色至土黄色；叶间隔长4~15cm；不定根发达。

叶 对生，肉质，绿色，倒卵形至倒卵状长圆形，10~18cm×4~6.8cm，基部楔形至宽楔形，先端钝尖，尾尖细长；中脉在叶背凸起，侧脉羽状，3~4对，隐约可见；叶柄圆柱形，20~35mm×4~6mm，扭曲。

花 伞状花序，多年生，球形，球径5.5~6cm，着花超过50朵；花序梗短，长2~4cm；花梗线形，长24~25mm；花蕾表面扁平；花萼直径3~4mm，萼片绿色，极短；花冠黄色，完全反折，展开直径13~14mm，高约6mm，表面被短柔毛，背面无毛，裂片先端深褐色，顶尖反卷；副花冠白色，平展，直径约6.5mm，高约2mm，裂片卵状披针形，外角锐尖，顶尖稍向上反卷，内角圆尖，顶尖细短；子房高约1.5mm，细短。

受威胁状况评价
外来种，缺乏数据（DD）。

引种信息
华南植物园 20102769、20114482、20121345和20150411 市场购买。
深圳仙湖植物园 F0024648 福建漳州；F0024412、F0024506 泰国。
上海植物园 2010-4-0258、2010-4-0259、2010-4-0260 马来西亚。
上海辰山植物园 20122973、20120531、20120532 泰国。
昆明植物园 缺引种号 市场购买。

物候信息
勤花，温湿度合适时，全年可开。
华南植物园 生长良好，未见冻害；茎蔓生长旺盛；几全年可观测到花开，花量多；花寿命较短，3~4天。

迁地栽培要点
喜阳，亦耐阴，需温室大棚内栽培，适应性强，盆栽或绑树桩攀爬。

扦插易成活，温度适宜时，生长速度快；空气干燥时，注意补湿。

植物应用评价

球花型，可应用于藤架或墙（柱）攀爬。

本种在中国植物园较为常见。引种名记录为 *Hoya bicolor*、*H. crassicaulis*、*H. mcgregorii* 等，这些植物叶脉和花差异不显著，叶的形状和大小有显著区别，Rodda 等认为这些都属于 *H. incrassata* 的种间变异，故本志书暂作为同种处理。

引种名：*Hoya bicolor*

引种名：*Hoya crassicaulis*　　　　　　　　　　引种名：*Hoya mcgregorii*

75 卷叶球兰

Hoya incurvula Schltr., Beih. Bot. Centralbl., Abt. 2 34: 14. 1916.

自然分布

印度尼西亚苏拉威西岛；常见栽培。

鉴别特征

双裂片，小卵叶，反折花冠黄中带红，副花冠外角明显低于内角。

迁地栽培形态特征

附生小藤本，乳汁白色，植株被毛。

茎 纤细，粗1~2mm，酒红色至绿色，被细毛；叶间隔长5~10cm；不定根发达。

叶 对生，绿色，肉质，卵形至倒卵形，贝壳状，40~55mm×25~32mm，基部圆，常具明显狭基，先端钝尖，尾尖很短；中脉在叶背凸起，侧脉不明显；叶柄短，3~10mm×2~3mm，被毛。

花 伞状花序，多年生，扁平，紧凑，球径约60mm，着花20余朵；花序梗红黑色至绿色，40~120mm×1mm，被细毛；花梗拱状，长35~10mm，外围长于内围，浅绿中带酒红色，无毛；花萼直径约3mm，萼片三角形；花冠黄中带红，完全反折，高约4mm，展开直径约8mm，浓香，中裂，表面密被短柔毛，背面无毛；副花冠伞状凸起，直径约5mm，高约2mm，黄色，上裂片外角锐圆，明显低于内角，下裂片明显伸出；子房纤细，高约2mm。

果 蓇葖果线形，细长，果皮被细毛。

受威胁状况评价

外来种，缺乏数据（DD）。

引种信息

华南植物园　20120600 市场购买。

物候信息

勤花，温湿度合适时，全年可开。

华南植物园　生长良好，未见冻害；茎蔓生长旺盛，多枝；新叶常为红色，秋冬更为明显；几全年可观测到花开，花量多；花寿命较长，约1周。

迁地栽培要点

喜阳，亦耐阴，需温室大棚内栽培，适应性强，盆栽或绑树桩攀爬。

扦插易成活，温度适宜时，生长速度快；空气干燥时，注意补湿。

植物应用评价

双裂型,易养护,花小巧精致,观赏性好,可应用于悬吊观赏。

76 尖峰岭球兰

Hoya jianfenglingensis Shao Y. He & P. T. Li, Novon 21: 343. 2011.

自然分布

海南特有种；未见栽培。

鉴别特征

与 *Hoya fungii* 相似，叶宽阔，大型，叶面光亮，叶脉清晰。

迁地栽培形态特征

附生缠绕藤本，缺乳汁，植株被毛。

🟢 茎 粗壮，粗4～10mm，被毛，酒红色至橄榄灰色；叶间隔长8（2）～18cm；不定根发达。

🟢 叶 大型，对生，绿色，肉质，阔卵状长圆形至长圆形，11～20cm×7～8cm，基部宽楔形至近圆形，稀具短狭基，先端钝尖，尾尖细长；叶面光滑无毛，叶背被疏毛，具缘毛；中脉在叶背凸起，侧脉羽状，8～10对，深绿色；叶柄粗壮，20～30mm×4～6mm，扭曲，被毛。

🟢 花 伞状花序，多年生，球形，球径9～10cm，着花30余朵；花序梗粗壮，30～50mm×4～6mm，被毛；花梗线形，长约40mm，酒红色，几无毛；花萼直径7～8mm，萼片卵状披针形，顶尖，被毛；花冠浅红色，扁平，直径20～21mm，浓香，中裂，表面被密长毛，背面无毛，边缘稍反卷；副花冠浅黄色，扁平，直径约10mm，高约4mm，裂片卵状披针形，中脊明显隆起，外角明显向上反折，内角反折，倚靠在合蕊柱上，顶尖细短；子房柱形，高约2mm，钝头，光滑无毛。

🟢 果 未见。

受威胁状况评价

中国原生种，缺乏数据（DD）。

引种信息

华南植物园　20051806　海南。

物候信息

华南植物园　生长势稍弱，茎蔓生长较慢，分枝少；开花较困难，能观测到零星花序；花期5～6月，花寿命较长，约10天。

迁地栽培要点

喜阳，适应性欠佳，盆栽或墙（柱）攀爬。

扦插易成活；空气干燥时，注意补湿。

植物应用评价

球花型,可应用于花墙花柱攀爬观赏。

77 胡安娜球兰

Hoya juannguoana Kloppenb., Fraterna 15(2): 15. 2002.

自然分布

菲律宾；常见栽培。

鉴别特征

与 *Hoya incrassata* 相似，叶脉2~3对，深绿色。

迁地栽培形态特征

附生缠绕藤本，乳汁白色，植株被疏柔毛。

茎 粗糙，粗2~6mm，淡绿色至土黄色；叶间隔长4~15cm；不定根发达。

叶 对生，肉质，绿色；倒卵形至倒卵长圆状披针形，11~16cm×5~6cm，基部楔形至宽楔形，先端钝尖，尾尖细长；中脉在叶背凸起，侧脉2~3对，深绿色，隐约可见；叶柄圆柱形，15~30mm×4~6mm，扭曲。

花 伞状花序，多年生，球形，直径6~7cm，着花多朵；花序梗较短，长2~4cm；花梗线形，长20~21mm；花萼直径4~5mm，萼片狭卵形；花冠双色，完全反折，高约7mm，展开直径约16mm，深裂，表面被短毛，背面无毛，边缘常密被红斑点；副花冠白色，扁平，直径约7mm，高约2.5mm，裂片狭卵形，外角钝尖，几等高于内角，内角圆，顶尖细短，倚靠在合蕊柱上；子房锥形，高约1mm。

受威胁状况评价

外来种，缺乏数据（DD）。

引种信息

华南植物园 20120337 市场购买。

物候信息

勤花，温湿度合适时，全年可开。

华南植物园 生长良好，未见冻害；茎蔓生长旺盛；叶常年青绿；几全年可观测到花，花量稀少；花寿命较短，2~3天。

迁地栽培要点

喜阳，亦耐阴，需温室大棚内栽培，适应性强，盆栽或绑树桩攀爬。

扦插易成活，温度适宜时，生长速度快；空气干燥时，注意补湿。

植物应用评价

球花型，可应用于藤架或墙（柱）攀爬。

78 印南球兰

Hoya kanyakumariana A. N. Henry & Swamin., J. Bombay Nat. Hist. Soc. 75: 462 1978.

自然分布

印度南部；常见栽培。

鉴别特征

小圆叶，叶缘波浪状，辐射花冠浅紫色，被长毛。

迁地栽培形态特征

附生小藤本，乳汁白色，植株被毛。

🟢 茎 匍匐状，粗3~5mm，硬，绿色至灰白色，被毛；叶间隔密集，长3~5cm；不定根发达，密集。

🟢 叶 对生，肉质，被毛，倒卵形至倒椭圆形，15~35mm×10~15mm，基部楔形，具短狭基，先端圆，尾尖常反卷；叶面被疏毛，叶背毛明显，具缘毛，叶缘波浪状；叶脉不清晰；叶柄短，长1~3mm，纤细，被毛。

🟢 花 伞状花序，多年生，球形，球径约40mm，着花10至20余朵；花序梗纤细，长5~30mm，被毛；花梗线形，长约15mm，浅绿，密被酒红色斑点；花萼直径约3mm，萼片卵状；花冠浅紫色，扁平，直径约10mm，表面被毛，背面无毛，裂片边缘反卷；副花冠白色，平展，直径约6mm，半透明，具红芯，裂片卵状披针形，中脊明显隆起，两侧形成两沟痕，外角稍向上抬升，内角圆尖，顶尖极短；子房小，高约1mm，柱形。

🟢 果 未见。

受威胁状况评价

外来种，缺乏数据（DD）。

引种信息

华南植物园　20102777　市场购买。
深圳仙湖植物园　F0024330　福建漳州。
上海植物园　2010-4-0262　马来西亚。
上海辰山植物园　20102949　上海。
昆明植物园　CN20161049　市场购买。

物候信息

华南植物园　生长良好，未见冻害；茎较短，多；叶常年青绿，阳光下易着生红色斑点；易开花，花量较多，花期6~10月；花寿命较长，约1周。

迁地栽培要点

喜阳，亦耐阴，需温室大棚内栽培，适应性强，盆栽或绑树桩攀爬。

扦插易成活，温度适宜时，生长速度快；空气干燥时，注意补湿。

植物应用评价

观叶型，可应用于悬吊观赏。

79 肯尼球兰

Hoya kenejiana Schltr., Bot. Jahrb. Syst. 50: 114.1913.

自然分布

新几内亚；常见栽培。

鉴别特征

与 *Hoya chlorantha* 相似，叶明显较大较宽，花黄色。

迁地栽培形态特征

附生缠绕藤本，乳汁白色，植株除叶、花梗外被毛。

茎 较细，粗2~5mm，绿色，被毛；叶间隔长3~15cm；不定根发达。

叶 对生，亮绿色，长圆形至倒卵状长圆形，10~16cm×5~7cm，基部心形，先端急尖，尾尖细长；中脉在叶背凸起，侧脉羽状，6~7对，在叶背隐约可见；叶柄圆柱形，15~25mm×1~4mm，具浅槽，被毛或几无毛。

花 伞状花序，多年生，球形，松散，着花20余朵；花序梗纤细，长5~15cm；花梗线形，长约25mm，浅绿色，无毛；花萼直径约7mm，绿色，萼片卵状披针形，无毛，具缘毛；花冠黄色，扁平，直径21~22mm，高约5mm，浓香，中裂，表面被长柔毛，背面无毛，裂片边缘反卷；副花冠黄色，扁平，直径约8mm，高约3mm，裂片卵形，拱状，中凹，外角圆，略向上抬升，内角圆，顶尖线形，短；子房顶尖，高约1.5mm，绿色。

受威胁状况评价

外来种，缺乏数据（DD）。

引种信息

华南植物园 20102774、20102770（银心） 市场购买。

深圳仙湖植物园 F0024417（银心） 泰国；F0024512 泰国。

上海植物园 2010-4-0263（银心） 马来西亚；2010-4-0264 马来西亚。

上海辰山植物园 20120534（银心） 泰国；20122974 浙江。

昆明植物园 缺引种号 市场购买。

物候信息

勤花，温湿度合适时，全年可开。

华南植物园 生长良好，未见冻害；藤蔓生长旺盛，分枝少；几全年可观测到花开，花量稀少；花寿命较短，3~4天。

昆明植物园 花期3~4月。

迁地栽培要点

喜阳，亦耐阴，需温室大棚内栽培，适应性强，盆栽或墙（柱）攀爬。扦插易成活，温度适宜时，生长速度快；空气干燥时，注意补湿。

植物应用评价

球花型，可应用于悬吊观赏。

国内栽培品种常见1种，即肯尼球兰（银心）（*Hoya kenejiana* variegata）。

80 肯蒂亚球兰

Hoya kentiana C. M. Burton, Hoyan 12(3-2): iv. 1991.

自然分布

菲律宾吕宋岛；常见栽培。

鉴别特征

双裂片，柳叶状，叶缘增厚，深红色，反折花冠红色。

迁地栽培形态特征

附生藤本，乳汁白色，植株无毛。

茎 纤细，粗1~4mm，绿色；叶间隔长2~8cm；不定根发达。

叶 对生，肉质，柳叶形，50~120mm×12~15mm，基部楔形，具长狭基，先端渐尖，尾尖细长；叶面光亮，叶缘厚，常为红褐色，中脉在叶背凸起，侧脉不显；叶柄圆柱形，20~40mm，绿色至褐红色。

花 伞形花序，多年生，表面扁平或稍凹，直径40~45mm，着花20余朵；花序梗下垂，长4~8cm，绿色；花梗拱状，长25~12mm，外围明显长于内围，浅绿色；花萼直径约3mm，萼片三角形；花冠酒红色，完全反折，高约5mm，展开直径约10mm，表面被毛，背面无毛，裂片顶尖反卷；副花冠双裂片，黄色，伞状凸起，直径约4mm，高约3mm，具红芯，上裂片倒卵形，外角圆，下裂片明显伸出；子房高约1mm。

受威胁状况评价

外来种，缺乏数据（DD）。

引种信息

华南植物园　20102773　市场购买。

深圳仙湖植物园　F0024674　福建漳州。

上海辰山植物园　20120535　泰国。

昆明植物园　CN20161054　市场购买。

物候信息

勤花，温湿度合适时，全年可开。

华南植物园　生长良好，未见冻害；茎蔓生长旺盛，多枝；叶常年青绿；几全年可观测到花开，花量多；花寿命较长，约10天。

昆明植物园　花期3~4月。

迁地栽培要点

喜阳，亦耐阴，需温室大棚内栽培，适应性强，盆栽或绑树桩攀爬。

扦插易成活，温湿度适宜时，生长速度快；空气干燥时，注意补湿。

植物应用评价

双裂型，叶细长挺立，花小艳丽，观赏性优，可应用于悬吊观赏。

81 凹叶球兰

Hoya kerrii Craib, Bull. Misc. Inform. Kew 1911(10): 418-419. 1911.

自然分布

泰国；常见栽培。

鉴别特征

叶厚肉质，先端常凹缺。

迁地栽培形态特征

大藤本，乳汁白色，植株被疏毛。

🌱 茎 粗壮，粗5~12mm，绿色至灰白色，被疏毛；叶间隔长4~20cm；不定根极发达，长可达20cm以上。

🍃 叶 大型，对生，厚肉质，倒心形至倒心状披针形，8~18cm×8~11cm，基部楔形至宽楔形，先端倒心形，顶尖短针状；叶背毛较密集；叶脉不清晰；叶柄圆柱形，20~40mm×6~8mm，被疏毛。

🌸 花 伞状花序，多年生，球形，紧凑，着花10余朵；花序梗粗，20~40mm×6~8mm，被疏毛；花梗线形，长30mm，无毛；花粉色，完全反卷，高约4mm，展开直径约15mm，深裂，表面被密长毛，背面无毛，顶尖反卷形成一圆环；副花冠深红色，扁平，直径约5mm，裂片倒卵形，外角圆，顶尖稍向上抬升，内角钝尖，顶尖细长；子房卵形，高约1mm。

受威胁状况评价

外来种，缺乏数据（DD）。

引种信息

华南植物园 20102805 市场购买。

深圳仙湖植物园 F0024587、F0024362、F0024439、F0024361 泰国。

上海辰山植物园 20120536、20130382 泰国；20130900 上海购买。

昆明植物园 CN20161057 市场购买。

厦门市园林植物园 缺引种号 市场购买。

物候信息

勤花，温湿度合适时，全年可开。

华南植物园 生长良好，未见冻害；茎蔓生长旺盛；光照下叶常被红色斑点；几全年可观测到花开，花量较多；花寿命长，约1周。

昆明植物园 花期6~7月。

迁地栽培要点

喜阳，亦耐阴，需温室大棚内栽培，适应性强，盆栽或绑树桩攀爬。扦插易成活，温度适宜时，生长速度快；空气干燥时，注意补湿。

植物应用评价

观叶型，叶厚奇特，应用于盆栽、藤架或墙（柱）攀爬。

本种在国内常见栽培，常剪取一对叶，盆栽，寓意"心心相印"。有两个叶发生锦变的品种，即内锦和外锦。

82 元宝球兰

Hoya kloppenburgii T. Green, Fraterna 14(2): 11. 2001.

昆明植物园

自然分布

婆罗洲；常见栽培。

鉴别特征

双裂片，反折花冠黄色，副花冠上下裂片整体增厚，形如元宝。

迁地栽培形态特征

附生缠绕藤本，乳汁白色，植株无毛。

🌱 粗3~5cm，绿色；不定根发达。

🍃 对生，厚肉质，卵状披针形，基部圆，先端渐尖；叶面不平整，叶缘较厚；中脉在叶背凸起，侧脉不清晰。

🌸 假伞形花序，多年生，表面扁平，着花10余朵；花梗拱形，外围长于内围，浅绿色，常被红斑；花冠黄色，小，完全反折，深裂，表面被柔毛，背面无毛，裂片顶尖边缘完全反卷，形成一扁环球；副花冠双裂片，黄色，裂片元宝状，厚，上裂片浅黄色，不透明，形如馒头向上拱起，下裂片厚，元宝状，紫红色，半透明。

受威胁状况评价

外来种，缺乏数据（DD）。

引种信息

  华南植物园 20121300 市场购买。
  昆明植物园 CN20161059 市场购买。

物候信息

  华南植物园 2013年冬季死亡，未有物候记录。
  昆明植物园 生长良好，花期4~7月。

迁地栽培要点

喜阳，亦耐阴，需温室大棚内栽培，适应性强，盆栽或绑树桩攀爬。

扦插易成活，温度适宜时，生长速度快；空气干燥时，注意补湿。

植物应用评价

双裂型，副花冠形如金元宝，寓意和观赏性佳，可应用于悬吊观赏。

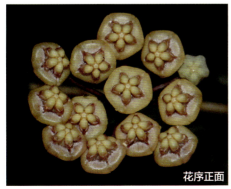

花序正面

花序背面

花正面

花侧面，裂片形似元宝

83
克朗球兰

Hoya krohniana Kloppenb. & Siar, Fraterna 22(4): 9(-12; figs.). 2009.

自然分布

菲律宾；常见栽培。

鉴别特征

与 *Hoya lacunosa* 相似，叶心形。

迁地栽培形态特征

附生小藤本，乳汁白色，植株几无毛。

茎 匍匐状，粗2~3mm，绿色，几无毛；叶间隔密集，长2~3cm；不定根发达。

叶 对生，浓绿，心形，20~30mm×18~25mm，基部心形至圆形，先端钝尖，尾尖短三角形；叶面常被白斑，具缘毛；中脉在叶背凸起，侧脉在叶面稍凸出，2~3对，浅绿色；叶柄短，长2~4mm，绿色。

花 伞状花序，多年生，扁平稍凹，紧凑，球径约3cm，着花10余朵；花序梗绿色，80~120mm×3~4mm，几无毛；花梗拱状，长16~6mm，外围长于内围，无毛；花萼直径2~3mm，萼片极短；花冠白色，完全反折，直径约5mm，高约4mm，深裂，表面被长密毛，背面无毛，顶尖反卷形成一圆环；副花冠米黄色，伞状凸起，直径约3.5mm，裂片卵圆形，弯月状，边缘在底部连合，无皱褶。

受威胁状况评价

外来种，缺乏数据（DD）。

引种信息

华南植物园　20102782、20102840、20111762、20121306 市场购买。

深圳仙湖植物园　F0024369、F0024450、F0024370 泰国。

上海植物园　2010-4-0268 马来西亚。

昆明植物园　CN20161063 市场购买。

物候信息

勤花，温湿度合适时，全年可开。

华南植物园　生长良好，未见冻害；茎蔓生长旺盛，多枝；几全年可观测到花开，花量稀少；花寿命长，约10天。

昆明植物园　花期5~7月。

迁地栽培要点

喜阳，亦耐阴，需温室大棚内栽培，适应性强，盆栽或绑树桩攀爬。

扦插易成活，温度适宜时，生长速度快；空气干燥时，注意补湿。

植物应用评价

观叶型，可应用于悬吊观赏。

本种引种记录名为心叶裂瓣（*Hoya lacunosa* 'Heart leaf'）。

84 裂瓣球兰

Hoya lacunosa Bl., Bijdr. Fl. Ned. Ind. 16: 1063 1826.

自然分布

马来群岛；常见栽培。

鉴别特征

小卵叶，反折花冠白色，副花冠边缘在底部连合，无皱褶。

迁地栽培形态特征

附生匍匐藤本，乳汁白色，植株无毛。

🌿 **茎** 匍匐状，粗2~4mm，绿色；叶间隔密集，长2~3cm；不定根极发达。

🍃 **叶** 对生，浓绿，狭卵形至长圆状披针形，40~60mm×15~20mm，基部楔形，或具短狭基，先端渐尖，尾尖细长；中脉在叶背凸起，侧脉在叶面稍凸出，3~4对；叶柄长5~10mm，绿色。

🌸 **花** 伞状花序，多年生，表面扁平稍凹，紧凑，球径约3cm，着花10余朵；花序梗绿色，30~120mm×2~4mm；花梗拱状，16~6mm，浅绿色，外围长于内围；花萼直径2~3mm，萼片短；花冠白色，完全反折，直径约5mm，高约4mm，浓香，中裂，表面被密长毛，背面无毛，顶尖反卷形成一圆环；副花冠乳白色，直径约3.5mm，半透明，裂片卵圆形，弯月状，外角圆，明显低于内角，裂片边缘在底部连合，无皱褶。

受威胁状况评价

外来种，缺乏数据（DD）。

引种信息

华南植物园　20102780、20114497、20102781、20102783、20102762 市场购买。
深圳仙湖植物园　F0024576、F0024368、F0024373 泰国。
上海植物园　2010-4-0269 马来西亚。
昆明植物园　CN20161061 市场购买。
厦门市园林植物园　缺引种号 市场购买。

物候信息

勤花，温湿度合适时，全年可开。
华南植物园　生长良好，未见冻害；叶常年青绿；几全年可开观测到花开，花量稀少；花寿命较长，约1周。
昆明植物园　花期5~7月。

迁地栽培要点

喜阳，亦耐阴，需温室大棚内栽培，适应性强，盆栽或绑树桩攀爬。

扦插易成活，温度适宜时，生长速度快；空气干燥时，注意补湿。

植物应用评价

匍匐型，可应用于悬吊观赏。

85 披针叶球兰

Hoya lanceolata Wall. & D. Don, Prodr. Fl. Nepal 130. 1825.

自然分布

尼泊尔；常见栽培。

鉴别特征

与 *Hoya bella* 极相似，副花冠柱状，非厚卵状。

迁地栽培形态特征

附生下垂灌木，乳汁白色，植株被毛。

🌱 **茎** 粗 2~4mm，高 80~150cm，绿色，被毛；叶间隔密集，长 15~35mm；不定根稀少，短。

🍃 **叶** 对生，绿色，矛尖形，20~30mm×9~13mm，基部楔形，先端披针形；叶面几无毛，叶背毛较密集，具缘毛；中脉在叶背凸起，侧脉不清晰；叶柄极短，长 3~5mm，纤细，绿色，被毛。

🌸 **花** 伞状花序，一年生，顶生和腋生，表面扁平，着花通常 7 朵；花序梗短，长 15~10mm，被毛；花梗长 20~10mm，被毛，外围明显长于内围；花萼直径 5~6mm，萼片线形，钝尖，被毛；花冠白色，平展，直径约 17mm，中裂，表面被柔毛，背面无毛，裂片边缘稍反卷；副花冠紫红色，直径约 6mm，半透明，裂片柱形，外角圆；子房高约 1.5mm。

受威胁状况评价

外来种，缺乏数据（DD）；分布狭窄，易被滥采而致危，建议调整至易危（VU）。

引种信息

华南植物园 20182306 花友赠送。

深圳仙湖植物园 F0024595 泰国；F0024665 广西。

上海辰山植物园 20120540 泰国。

物候信息

华南植物园 生长良好，未见冻害；茎蔓生长较慢，枝多；花期 5~6 月；花寿命较长，约 1 周。

迁地栽培要点

较耐寒，喜阳，亦耐阴，需温室大棚内栽培，适应性强，盆栽或板植。

扦插易成活，温度适宜时，生长速度较慢；空气干燥时，注意补湿。

对基质的湿度和透水性敏感，根系易发生病变或虫害。

植物应用评价

灌木型，可应用于地栽、盆栽和附生墙（柱）观赏。

左：披针叶球兰；右：贝拉球兰

86 棉叶球兰

Hoya lasiantha Korth. & Bl.; Rumphia 4: 30. 1849.

自然分布

婆罗洲；常见栽培。

鉴别特征

与 *Hoya praetorii* 相似，副花冠裂片内角为钩状。

迁地栽培形态特征

附生灌木，乳汁白色，植株无毛。

🌱 茎 粗壮，粗5~10mm，黄绿色至淡绿色；叶间隔长2~8cm；不定根稀缺。

🍃 叶 对生，薄肉质，长圆形至卵状长圆形，10~16cm×6~10cm；先端钝尖，基部圆形至宽楔形，尾尖细长；叶缘波浪状，不平整；中脉在叶背凸起，侧脉羽状，3~4对；叶柄圆柱形，长20~30mm，具浅槽。

🌸 花 伞状花序，伞形，松散，着花10余朵；花序梗长6~9cm，无毛；花梗线形，长50~54mm，萼片宽卵形，4mm×3mm，钝尖；花冠橘黄色，完全反折，高约12mm，浓香，深裂，表面除裂片先端外被白色长毛，背面无毛，边缘两侧反卷；副花冠直立，乳白色，直径约9mm，裂片外角向上反折，与内角形成一锐角，上表面极狭窄，内角顶尖钩状；子房卵形，长3mm。

受威胁状况评价

外来种，缺乏数据（DD）。

引种信息

华南植物园　20102785　市场购买。
深圳仙湖植物园　F0024575　泰国。
上海植物园　2010-4-0271　马来西亚。
上海辰山植物园　20120541　泰国。
北京市植物园　20193038　市场购买。
昆明植物园　缺引种号　市场购买。

物候信息

勤花，温湿度合适时，全年可开。
华南植物园　生长良好，未见冻害；分枝少；几全年可观测到花开，花量较多；花寿命较长，约10天。

迁地栽培要点

喜阳，亦耐阴，需温室大棚内栽培，适应性强，盆栽或板植。
扦插易成活，空气干燥时，注意补湿。

植物应用评价

　　灌木型，易养护，花奇特艳丽，可应用于地栽、盆栽和附生墙（柱）观赏。

87 橙花球兰

Hoya lasiogynostegia P. T. Li, Bull. Bot. Res., Harbin 4(1): 118-120, pl. 1. 1984.

拍摄于海南

自然分布

海南特有种；未见栽培。

鉴别特征

与 *Hoya burmanica* 相似，橙黄色花冠偏大，完全反折。

迁地栽培形态特征

附生小灌木，乳汁白色，被柔毛。

🟢茎 长约2m，绿色至淡灰色，幼茎被柔毛；不定根稀缺。

🟢叶 肉质，绿色，卵状披针形，50～70mm×10～27mm，基部圆形，先端渐尖，尾尖细长；叶无毛，具缘毛；侧脉羽状，隐约可见，4～5对；叶柄短，长2～4mm，纤细，被柔毛。

🟢花 伞形花序，顶生和腋生，半球形，着花9～10朵；花序梗短，长约4mm；花梗线形，长

10~12mm；花冠橙色，完全反折，直径约10mm，表面被柔毛，背面无毛，裂片边缘反卷；副花冠浅黄色，表面扁平，裂片倒卵形，中凹，外角几等高于内角，外角钝圆，内角钝尖，顶尖明显，细长。

 未见。

受威胁状况评价

海南特有种，未评价；分布狭窄，野生群落极少被发现，建议调整至濒危（EN）。

引种信息

华南植物园　19830592　海南凌水吊罗山白水林场。

物候信息

华南植物园　有引种记录，为本种模式标本的活体枝条扦插栽培，表现良好，后死亡，未记录有物候信息。

迁地栽培要点

喜阳，亦耐阴，盆栽或板植。

扦插易成活，空气干燥时，注意补湿。

对基质的湿度和透水性敏感，根系易发生病害或虫害。

植物应用评价

暂未驯化成功。

拍摄于海南

88 大叶球兰

Hoya latifolia G. Don, Gen. Hist. 4: 127. 1837.
Hoya macrophylla Bl. 1826.
Hoya polystachya Bl. 1849.

自然分布

马来群岛；常见栽培。

鉴别特征

叶大型，基出三脉，多穗，花小，黄色至红色。

迁地栽培形态特征

大藤本，乳汁白色，植株几无毛。

茎 粗壮，粗5~10mm，灰白色，无毛；叶间隔长6~15cm；不定根发达。

叶 大型，对生，肉质，心状或卵状披针形，或心形，12~20cm×6.5~10cm；基部心形或圆形，先端钝尖或渐尖，尾尖细长；基出三脉，浅绿色；叶柄圆柱形，15~30mm×5~6mm，粗壮，扭曲。

花 复伞状花序，多年生，小花序1~5个，球形；总花序梗短，长1~3cm，小花序梗较长，长4~7cm；花梗线形，长15~16mm，浅绿色；花萼直径约3mm，萼片短小；花冠黄绿色至红色，近钟状，直径11~12mm，高约1.5mm，浓香，深裂，表面被短柔毛，裂片边缘稍反卷，背面无毛；副花冠白色，直径3.5~4mm，裂片卵形，弯曲，上表面卵状凹陷，外角向上反折大于60°，顶钝尖，内角圆尖，顶尖细长，反折倚靠在合蕊柱上；子房锥形，高约1mm。

受威胁状况评价

外来种，缺乏数据（DD）。

引种信息

华南植物园 20102851、20102715、20102791、20121367 市场购买。
深圳仙湖植物园 F0024507、F0024451 泰国；F0024307 福建漳州。
厦门市园林植物园 缺引种号 市场购买。
上海辰山植物园 20122979 市场购买；20120550 泰国。
上海植物园 2010-4-0275 马来西亚。

物候信息

勤花，温湿度合适时，全年可开。
华南植物园 生长良好，未见冻害；阳光下或昼夜温差大时，叶常转红；花期3~12月；花寿命较短，3~4天。

迁地栽培要点

喜阳，亦耐阴，需温室大棚内栽培，适应性较强，盆栽或绑树桩攀爬。
扦插易成活，温度适宜时，生长速度快；空气干燥时，注意补湿。

植物应用评价

大叶型，可应用于藤架或墙（柱）攀爬。

中国迁地保育的引种名为 *Hoya polystachya*、*H. macrophylla* 和 *H.* aff. Sp. Clandestina 等，被 Rodda.M 鉴定为 *H. latifolia*。基于植物园的多年持续的形态观察，这些植株的花序和花的形态差异不显著，而叶形和大小差异显著，这些差异常被认为是种间变异，故本志书处理为同一个种。

89 白瑰球兰

Hoya leucorhoda Schltr., Bot. Jahrb. Syst. 50: 119. 1913.

植株

自然分布

新几内亚；稀见栽培。

鉴别特征

与 *Hoya australis* 相似，植株无毛。

迁地栽培形态特征

缠绕藤本，乳汁白色，植株无毛。

🟢茎 粗2~6mm，绿色，无毛；叶间隔长3~16cm；不定根稀缺。

🟢叶 对生，肉质，卵形至卵状长圆形，基部圆形至宽楔形，先端钝尖，尾尖细长；中脉在叶背凸起，侧脉不清晰；叶柄圆柱形。

🟢花 伞状花序，多年生，伞状凸起，着花几朵；花冠白色，近钟状，深裂，具红芯，表面被长柔毛，背面无毛；副花冠肉质，辐射状，裂片卵形，拱状，上表面卵状凹陷，外角向上反卷，顶尖向下反折，内角圆尖，顶尖细长，明显低于外角，倚靠在合蕊柱上。

受威胁状况评价

外来种，缺乏数据（DD）。

引种信息

昆明植物园 CN20161065 市场购买。

物候信息

昆明植物园 花期4月。

迁地栽培要点

喜阳，亦耐阴，需温室大棚内栽培，盆栽或绑树桩攀爬。

扦插易成活，空气干燥时，注意补湿。

植物应用评价

球花型，可应用于藤架或墙（柱）攀爬。

花序侧面

花正面

花背面

90 线叶球兰

Hoya linearis Wall. & D. Don, Prodr. Fl. Nepal 130. 1825.
Hoya linearis var. *nepalensis* Hook. f. 1883.

自然分布

中国云南，以及尼泊尔、越南、老挝、缅甸等；未见栽培。

鉴别特征

与 *Hoya bella* 相似，叶线形，花序顶生。

迁地栽培形态特征

附生下垂灌木，乳汁白色，植株被毛。

茎 纤细，柔软，长达2m，粗1～2mm，被密毛；叶间隔较密集，长2～3cm；不定根常着生于叶腋下，短。

叶 对生，稀3叶轮生，被毛，厚肉质，线形，35～40mm×2～3mm，基部圆形，先端钝尖；叶两侧边缘反卷；中脉在叶背凸起，侧脉不清晰；叶柄极短，长2～3mm，纤细，被毛。

花 伞状花序，一年生，顶生，扁平稍凹，着花常为9朵；花序梗短，长5～10mm，被密毛；花梗拱形，长20～15mm，外围长于内围，被毛；花萼直径6～7mm，萼片卵状披针形，顶尖，被毛；花冠黄绿色，平展，展开直径约14mm，薄，中裂，表面被柔毛，背面无毛，裂片两侧边缘稍反卷；副花冠平展，直径约5mm，具红芯，半透明，裂片方状长圆形，中脊圆状隆起，外角略低于内角，内角圆尖，顶尖细长；子房锥状，高约2mm，顶尖。

受威胁状况评价

中国原生种，未评价；易受环境影响，或滥采而致危，建议调整至易危（VU）。

引种信息

华南植物园　20111759　市场购买。

西双版纳热带植物园　0020130168　云南景洪大勐龙勐宋。

深圳仙湖植物园　F0024347　市场购买。

上海植物园　2014-4-0475　云南思茅保护区。

昆明植物园　缺引种号　普洱地区。

物候信息

华南植物园　20111759常温保育大棚，悬吊栽培，生长良好，冬季未见冻害；于2016年6月开花，花期6～7月；花寿命约1周；植株死亡于2017年11月。

迁地栽培要点

较耐寒，喜阳，亦耐阴，需温室大棚内栽培，适应性强，盆栽或板植。

对基质的湿度和透水性敏感，根系易发生病变或虫害。

植物应用评价

灌木型，茎纤弱，为优良悬垂观赏植物。

Hooker（1883）根据不同来源的两份标本 *N. Wallich*，#*s.n. 34* 和 *s. coll., #s.n.*，把 *Hoya linearis* 划分为2个变种 *H. linearis* var. *nepalensis* 和 *H. linearis* var. *sikkimensis*。*H. linearis* var. *nepalensis* 依据的标本是 *N. Wallich, #s.n. 34*，*Hoya linearis* 是由 Don（1834）根据 Wallich 采自尼泊尔的34号标本描述，故 *H. linearis* var. *nepalensis* 为 *H. linearis* 的同模式异名。

91 滨海球兰

Hoya litoralis Schltr., Fl. Schutzgeb. Südsee 363. 1905.

自然分布

新几内亚；常见栽培。

鉴别特征

双裂片，小圆叶，花红色。

迁地栽培形态特征

附生缠绕藤本，乳汁白色，植株无毛。

🌿 茎 纤细，粗1~2mm，酒红色至绿色，无毛；叶间隔较密集，长3~5cm；不定根发达。

🍃 叶 对生，绿色，卵形至长圆形，35~50mm×20~26mm，基部圆，或宽楔形，或急尖，先端钝尖，尾尖极短；叶脉具光泽，侧脉不清晰；叶柄纤细，长5~10mm，绿色，无毛。

🌸 花 假伞形花序，表面扁平，紧凑，球径35~40mm，着花约22朵；花序梗纤细，40~100mm×1mm，花梗拱形，20~5mm，淡绿色，常被红点，外围最长，内围最短；花萼直径约3mm，萼片卵状披针形；花冠酒红色，完全反折，直径约7mm，高约6mm，表面被长柔毛，背面无毛；副花冠酒红色，直径5~6mm，高约3mm，伞状凸起；子房纤细，高约2mm。

🍎 果 细长。

受威胁状况评价

外来种，缺乏数据（DD）。

引种信息

华南植物园 20120339 市场购买。

物候信息

勤花，温湿度合适时，全年可开。

华南植物园 生长良好，未见冻害；分枝较多；叶常年偏红，尤其昼夜温差大时；勤花，易开花，花量较多；花寿命较长，约1周。

迁地栽培要点

喜阳，亦耐阴，需温室大棚内栽培，适应性强，盆栽或绑树桩攀爬。

扦插易成活，温度适宜时，生长速度快；空气干燥时，注意补湿。

植物应用评价

双裂片型，可应用于悬吊观赏。

92 洛布球兰

Hoya lobbii Hook. f., Fl. Brit. India 4: 54. 1883.

植株

自然分布

印度、柬埔寨、泰国等；常见栽培。

鉴别特征

与 *Hoya polyneura* 相似，叶长圆形，花红色至深红色。

迁地栽培形态特征

附生灌木，乳汁白色，植株无毛。

🌿 茎 粗壮，直径4~6mm，绿色；叶间隔长3~10cm；不定根稀见。

🌿 叶 对生，绿色，长圆形或倒长椭圆形，8~15cm×2~5.2cm，基部宽楔形，有耳，先端钝尖，尾尖细长；中脉在叶背凸起，侧脉羽状，隐约可见；叶柄圆柱形，长10~20mm，绿色。

🌸 花 伞状花序，多年生，顶生和腋生，半球形，松散，着花10余朵；花序梗绿色，25~30mm×10~30mm，宿存痕迹短，易脱落；花梗线形，27~28mm×1.5~2mm，浅绿色；花萼直径约9mm，顶钝尖；花冠浅红至深红色，完全反折，高约12mm，展开直径20~21mm，中裂，表面被柔毛，背面无毛，裂片两侧边缘反卷；副花冠平展，直径约9mm，高约4mm，裂片卵形，中脊隆起一条直线，外角圆，稍高于内角，内角圆尖，顶尖细长；子房锥状，高约2mm，钝头。

受威胁状况评价

外来种，缺乏数据（DD）。

引种信息

华南植物园　20102778、20102779　市场购买。

深圳仙湖植物园　F0024513、F0024504　泰国。

上海植物园　2010-4-0273　马来西亚。

西双版纳热带植物园　0020181865　广州中医药大学。

昆明植物园　CN20161067　市场购买。

物候信息

勤花，温湿度合适时，全年可开。

华南植物园　生长良好，未见冻害；分枝少；叶常年青绿；勤花，几全年可开，花量较多；花寿命较长，10～12天。

昆明植物园　花期5～6月。

迁地栽培要点

喜阳，亦耐阴，适应性较强，盆栽，或板植。

扦插易成活，空气干燥时，注意补湿。

植物应用评价

灌木型，可盆栽和附生墙（柱）观赏。

本种有两种花色，栽培上，常记录为洛布黑（*Hoya lobbii* 'Dark Red'）和洛布红（*H. lobbii* 'Pink'）。

洛布黑（*Hoya lobbii* 'Dark Red'）

洛布红（*Hoya lobbii* 'Pink'）

93
洛克球兰

Hoya lockii V. T. Pham & Aver., Taiwania 57(1): 49-54, f. 1-3. 2012.

自然分布

越南；常见栽培。

鉴别特征

植株形似 *Hoya multiflora*，植株被毛，副花冠裂片刀刃片状。

迁地栽培形态特征

附生灌木，乳汁白色，植株被短柔毛。

🌿 **茎** 粗壮，粗2~6mm，高40~80cm，绿色至黄绿色，被毛；叶间隔长2~8cm；不定根稀缺。

🌿 **叶** 对生，薄肉质，长圆形至狭倒卵形，8~14cm×2.5~5cm，基部楔形至宽楔形，先端渐尖，顶尖细长；叶面绿色，叶缘波浪状，具缘毛；中脉在叶背凸起，侧脉7~9对，浅绿色；叶柄较短，10~15mm×2~3mm，具浅槽，被疏毛。

🌸 **花** 伞状花序，多年生，腋生或顶生，伞形稍凸起，松散，着花20余朵；花序梗下垂，长2~5cm，被毛，易脱落；花梗线形，长40~42mm，被疏毛；萼片线形，6~7mm×1mm，顶尖，被毛；花冠白色，完全反折，高约20mm，展开直径26~28mm，清香，深裂，表面被柔毛，具光泽，背面无毛，裂片两侧边缘向背面反卷；副花冠白色，直径约11mm，高约8mm，裂片直立，高约4mm，上表面刀刃状隆起，外角等高于内角，内角顶尖细长，长约2mm，近直角倚靠于柱头上；子房纤细，约3mm×1mm。

受威胁状况评价

外来种，极危（CR）。

引种信息

华南植物园 20142393 市场购买；20150415 新加坡植物园。

物候信息

勤花，温湿度合适时，全年可开。

华南植物园 生长良好，未见冻害；分枝少；勤花，温度高于20℃时，可观测到花开；花寿命较长，约1周。

迁地栽培要点

较耐寒，喜阳，亦耐阴，需温室大棚内栽培，适应性强，盆栽或板植。

扦插易成活，温度适宜时，生长速度快；空气干燥时，注意补湿。

植物应用评价

灌木型，可应用于地栽、盆栽和附生墙（柱）观赏。

94 洛尔球兰

Hoya loheri Kloppenb., Fraterna 1991(3):, Philipp. Hoya Sp. Suppl.: III. 1991.

自然分布

菲律宾；常见栽培。

鉴别特征

双裂片，花序伞状凸起，松散，花橘红色。

迁地栽培形态特征

附生藤本，乳汁白色，植株几无毛。

茎 纤细，粗1~4mm，红褐色至绿色，幼时被疏柔毛；叶间隔长4~8cm；不定根极发达，多分叉。

叶 对生，厚肉质，狭倒卵形至狭倒卵状披针形，50~80mm×12~19mm，基部宽楔形，具短狭基，先端钝尖，尾尖较短；叶面亮绿色，叶缘两侧反卷，具光泽；中脉在叶背凸起，侧脉不清晰；叶柄圆柱形，长6~10mm，酒红色至绿色，扭曲，被疏毛。

花 假伞形花序，多年生，伞状凸起，松散，直径约45mm，着花16~18朵；花序梗长7~15cm，酒红色至绿色，被疏毛；花梗长20~30mm，浅绿色，无毛；花冠橘红色，完全反折，直径约4mm，高约2mm，表面被柔毛，背面无毛；副花冠双裂片，橘红色，锥状，直径约4mm，高约3mm，下裂片明显从底部伸出；子房纤细，高约2mm。

受威胁状况评价

外来种，缺乏数据（DD）。

引种信息

华南植物园　20102787　市场购买。

深圳仙湖植物园　F0024483　泰国；F0024646　上海辰山植物园。

上海植物园　2010-4-0274　马来西亚。

上海辰山植物园　20120545　泰国。

昆明植物园　CN20161069　市场购买。

西双版纳热带植物园　0020181867　广州中医药大学。

物候信息

华南植物园　生长良好，未见冻害；茎蔓生长旺盛，易发枝；叶常年青绿；勤花，花期5~7月；花寿命较长，10~15天。

昆明植物园　花期6~7月。

迁地栽培要点

喜阳，亦耐阴，需温室大棚内栽培，适应性强，盆栽或绑树桩攀爬。扦插易成活，温度适宜时，生长速度快；空气干燥时，注意补湿。

植物应用评价

双裂型，叶青翠挺立，可应用于盆栽或悬吊观赏。

95 长萼球兰

Hoya longicalyx H. Wang & E. F. Huang, Taiwania 65: 354. 2020.
Hoya tetrantha J. F. Zhang, Y. H. Tong & N. H. Xia. 2021.

自然分布

高黎贡山特有种；未见栽培。

鉴别特征

与 *Hoya chinghungensis* 相似，花序顶生，着花约4朵。

迁地栽培形态特征

附生矮灌木，乳汁白色，植株被毛。

茎 粗壮，常直立，粗3~6mm，高50~80cm，褐色至橄榄绿色，被毛；叶间隔长5（3）~20mm；不定根稀缺。

叶 对生，稀三叶轮生，肉质，卵状披针形，8~25mm×4~10mm，基部圆形或钝圆，先端锐尖，顶尖细短；叶两面毛不明显，具缘毛；中脉在叶背凸起，侧脉不清晰；叶柄短，长1~3mm，纤细，被毛。

花 伞状花序，一年生，顶生，表面凹陷，直径45~50mm，着花约4朵；花序梗短，长8~14mm，被毛；小苞片线形，长1.8~2.2mm；花梗拱状，长18~15mm，外围长于内围，被毛；萼片线形，6~7mm×0.8~1mm，顶尖，被毛；花冠白色至浅绿色，近钟形，直径21~23mm，中裂，表面被柔毛，背面无毛，裂片边缘稍反卷；副花冠平展，直径约7mm，高约2.5mm，半透明，边缘常被红点，裂片椭圆状披针形，拱状，表面内侧椭圆状凹陷，外角圆，内角圆尖，顶尖三角状；子房柱形，高约2mm。

果 蓇葖果线形，被毛。

受威胁状况评价

中国原生种，缺乏数据（DD）；易受环境影响，或滥采而致危，建议调整至极危（CR）。

引种信息

华南植物园　20142391、20160878　云南盈江。

物候信息

华南植物园　不耐热，常温温室，易死亡，如20142391曾保育于常温温室大棚，于2015年夏季温度过高而死亡；20160878一直保育于控温温室，枝叶生长慢，较弱，能抽新枝；当昼夜温差大时，叶易转红，一直未观测到花序芽萌发。

迁地栽培要点

较耐寒，喜阳，亦耐阴，适应性差，板植。

扦插易成活，生长较慢。

对湿度和透水性敏感，根系易发生病变或虫害。

植物应用评价

暂未驯化成功。

小叶复合体（*Hoya lanceolata* complex）是泛喜马拉雅中山常绿林中特有灌木型球兰，叶小，长通常为1～3cm，罕见超过3cm，最多不超过6cm，花冠白色，辐射花冠，副花冠半透明。基于华南植物园迁地保育的持续观察，结合标本的查阅和野外调查，小叶复合体的一年生花序通常顶生和腋生共存，稀只有顶生花序。花序着花数量通常为4朵、7朵、9朵和13朵，常见4朵和7朵；4花类主要分布于云南西北至西藏南部、缅甸等高海拔地区，栽培困难，极少种被驯化栽培成功。本种是小叶复合体中罕见的四花球兰，常顶生，曾以 *H. tetrantha*（2021）发表，同时于2019年，被作为披针叶球兰（*H. lanceolata*）在中国的新记录种发表。

96
莱斯球兰

Hoya loyceandrewsiana T. Green, Fraterna 4: 4-5. 1994.

自然分布

未知,模式采集于栽培植物;常见栽培。

鉴别特征

与 *Hoya subquintuplinervis* 相似,叶大型,副花冠裂片斜立。

迁地栽培形态特征

附生缠绕藤本,乳汁白色,植株幼时被短疏柔毛。

茎 粗壮,4~8mm,幼时被短疏柔毛,褐色至橄榄灰色;叶间隔长3~18cm;不定根极发达。

叶 对生,大型,肉质,叶形多变,椭圆形至心形,12~20cm×10~14cm,基部圆形或心形,先端钝尖,尾尖细短;基出三脉,在叶面凸起;叶柄圆柱形,30~55mm×4~6mm,粗壮,扭曲。

花 伞状花序,多年生,球形,直径8~9cm,着花40余朵;花序梗粗壮,60~90mm×6~8mm;花梗线形,长38~40mm;花萼直径6~7mm,萼片卵形;花冠白色,完全反折,高约10mm,展开直径约20mm,浓香,深裂,表面被柔毛,背面无毛,裂片边缘反卷,顶尖反折;副花冠白色,辐射状,直径约10mm,高约4mm,不透明,裂片卵状披针形,斜立,外角锐尖,明显高于内角,内角圆尖,顶尖细短;子房高约2mm,钝头。

受威胁状况评价

外来种,缺乏数据(DD)。

引种信息

华南植物园 20121323 市场购买。

物候信息

勤花,温湿度合适时,全年可开。

华南植物园 生长良好,未见冻害;茎蔓生长旺盛;叶常年青绿;较少观测到花开;花寿命较短,4~5天。

迁地栽培要点

喜阳,亦耐阴,需温室大棚内栽培,适应性强,盆栽或墙(柱)攀爬。

扦插易成活,温度适宜时,生长速度快;空气干燥时,注意补湿。

植物应用评价

大叶型,观赏性好,可应用于藤架或墙(柱)攀爬。

97 卢氏球兰

Hoya lucardenasiana Kloppenb., Siar & Cajano, Asia Life Sci. 18(1): 144(-147; figs. 4-6). 2009.

自然分布

菲律宾吕宋岛；常见栽培。

鉴别特征

小卵叶，红色反折花冠，薄，副花冠厚肉质。

迁地栽培形态特征

附生匍匐藤本，乳汁白色，被疏毛。

🌿 **茎** 匍匐状缠绕，粗3~5mm，褐色至绿色，被疏毛；叶间隔长2~6cm；不定根发达。

🌿 **叶** 对生，肉质，椭圆形至倒狭椭圆形卵状披针形，50~100mm×30~40mm，基部楔形至宽楔形，先端圆尖，稀渐尖，尾尖极短；叶面光滑，常被红色斑点，具缘毛；叶脉在叶背凸起，侧脉不清晰；叶柄圆柱形，8~15mm，被疏毛。

🌿 **花** 伞状花序，多年生，球形，球径约45mm，着花20余朵；花序梗较细，10~30mm×1.5~2mm，被疏毛；花梗线形，长约16mm，无毛；花萼直径约5mm，萼片卵形，钝头；花冠深红色，薄，完全反折，直径约6mm，高约5mm，深裂，表面被柔毛，背面无毛，裂片顶尖反折；副花冠酒红色，平展，直径约6mm，高约3mm，裂片卵形，厚，上表面沿边缘内陷，外角圆，等几高于内角，内角顶尖细长；子房短小，高约1mm。

🌿 **果** 未见。

受威胁状况评价

外来种，缺乏数据（DD）。

引种信息

华南植物园 20103970 市场购买。

深圳仙湖植物园 F0024633 福建漳州。

上海植物园 20120547 泰国。

上海辰山植物园 20120547 泰国。

昆明植物园 CN20161071 市场购买。

物候信息

勤花，温湿度合适时，全年可开。

华南植物园 生长良好，未见冻害；茎蔓生长旺盛，多枝；叶常年青绿；勤花，几全年可开，易开花，花量较多；花寿命长，约1周。

迁地栽培要点

喜阳，亦耐阴，需温室大棚内栽培，适应性强，盆栽或绑树桩攀爬。

扦插易成活，温度适宜时，生长速度快；空气干燥时，注意补湿。

植物应用评价

垂吊型，花小艳丽，可应用于悬吊观赏。

98
香花球兰

Hoya lyi H. Lév., Bull. Soc. Bot. France 54(6): 369-370. 1907.

自然分布

中国贵州、广西和云南；未见栽培。

鉴别特征

与 *Hoya thomsonii* 相似，叶绿色，平展副花冠。

迁地栽培形态特征

附生小藤本，乳汁白色，植株被毛。

🌱 茎 匍匐状缠绕，粗2~4mm，绿色，被密毛；叶间隔长6~12cm；不定根发达。

🍃 叶 对生，肉质，绿色，被毛；长圆形至长圆卵状披针形，（35~）60~110mm×（15~）20~26mm，基部圆形或宽楔形，先端圆尖或钝尖，尾尖细短；叶两面被毛，叶背毛更密集，叶面常被白色斑点；中脉在叶背凸起，侧脉不清晰；叶柄圆柱形，10~25mm×2~3mm，被毛。

🌸 花 伞状花序，多年生，球形，球径7~8cm，着花13~20朵；花序梗纤细，40~70mm×1.5~2mm，被密毛；花梗线形，30~32mm×1mm，被密毛；花萼被密毛，萼片卵状披针形，2.5~3mm×1.2~2mm，顶尖，具缘毛；花冠乳白色，平展，展开直径21~22mm，中裂，表面被密长毛，背面无毛，裂片边缘稍反卷；副花冠乳白色，平展，直径约9mm，具红芯，裂片椭圆状菱形，中凹，外角几等高于内角，裂片底部无皱褶，边缘完全隔离，留一明显缝隙；子房柱状，钝头。

受威胁状况评价

中国原生种，缺乏数据（DD）。

引种信息

华南植物园　20160716 贵州安顺；20191262 深圳仙湖植物园。

深圳仙湖植物园　F0024318 贵州荔波。

昆明植物园　CL201704 河口。

物候信息

华南植物园　生长良好，未见冻害；茎蔓生长旺盛；叶常年青绿；花期9~11月；花寿命较长，约10天。

迁地栽培要点

较耐寒，喜阳耐旱，忌积水，盆栽或绑树桩攀爬。

扦插易成活，生长速度较慢；空气干燥时，注意补湿。

植物应用评价

球花型，耐寒，可应用于悬吊观赏或墙柱攀爬。

在FOC中，*Hoya yuennanensis*被处理为本种的异名，Rodda（2012）对这两个种进行了修订，*H. yuennanensis*被处理为从*H. lyi*的异名下恢复过来；同时，*Hoya lyi*分布于广西、云南、贵州和四川以及越南、老挝、柬埔寨等地。查阅文献、标本及迁地保育于中国植物园的被认为是*H. lyi*的活植物，编者认为*H. lyi*是一个存在分类问题的种，还需要进一步的分类学研究，鉴于*H. lyi*至今未有修订，本志书暂保留FOC的观点，描述依据仅限于贵州中部至西南石灰岩地区的植株。

99 澜沧球兰

Hoya manipurensis Deb, J. Indian Bot. Soc. 34: 50 1955.
Micholitzia obcordata N. E. Br. 1909.
Hoya lantsangensis Tsiang & P. T. Li. 1974.

自然分布
广布种，云南，以及中南半岛；常见栽培。

鉴别特征
小灌木，花长筒状，被毛。

迁地栽培形态特征
附生矮灌木，乳汁白色，植株被毛。

🟢 茎 粗2~3mm，长15~30cm，绿色，被毛；叶间隔长1~4cm；不定根稀缺。

🟢 叶 对生，肉质，被毛，倒三角形至倒心状披针形，20~30mm×15~18mm，基部楔形，顶端凹缺，或钝尖，或截平，尾尖短，长0.5~1mm；叶脉不清晰；叶柄短，长3~10mm，被毛。

🟢 花 伞状花序，多年生，扁平稍凸，着花8~14朵；花序梗短至无，被毛；花梗短，长4~6mm，被毛；花萼直径约5mm，萼片圆形，顶钝圆，被毛；花冠长筒状，绿黄色至橙红色，筒高约5mm，基部直径3~4mm，表面被长刚毛，背面被疏毛，5浅裂，喉最窄，基部最宽，裂片稍反卷；副花冠直立，裂片外角平展，内角直立，顶尖被一膜片。

🟢 果 未见。

受威胁状况评价
中国原生种，缺乏数据（DD）。

引种信息
华南植物园 20102857 市场购买。
深圳仙湖植物园 F0024328 福建漳州。
西双版纳热带植物园 0020020018、0020020177 云南思茅莱阳河。
上海植物园 2013-4-0555 兰科国际。

物候信息
华南植物园 生长慢，良好，未见冻害；茎生长缓慢，分枝少；阳光下或昼夜温差大时，叶常转红；开花较困难，较少观测到花开；花寿命较长，约半个月。

迁地栽培要点
喜阳，亦耐阴，需温室大棚内栽培，适应性强，盆栽或板植。
扦插易成活，空气干燥时，注意补湿。

植物应用评价

观叶型，叶奇特，可应用于悬吊观赏。

在FOC中，本种被归并入扇叶藤属（*Micholitzia* N. E. Br.）中的扇叶藤（*M. obcordata*）。根据最新分类学研究，扇叶藤属已合并入球兰属。

100 纸巾球兰

Hoya mappigera Rodda & Simonsson, Feddes Repert. 122(5-6): 338(figs. 1-3). 2012.

自然分布

马来群岛、泰国南部；稀栽培。

鉴别特征

浅黄色大钟状花冠，单花，副花冠形如小鸭。

迁地栽培形态特征

附生缠绕藤本，乳汁白色，植株无毛。

茎 纤细，粗3~5mm，较硬，无毛；叶间隔长3~6cm；不定根稀缺。

叶 对生，深绿，薄肉质，长圆形，6~10cm×2~3.2cm，基部楔形至宽楔形，先端钝尖；叶脉革质，常具光泽；中脉浅绿色，侧脉羽状，隐约可见；叶柄较短，长10~15mm，具浅槽。

花 伞状花序，多年生，着花仅1朵；花序梗较短，长1~3cm；花萼直径4~5mm，萼片极短；花梗纤细，长约25mm；钟状大花冠，浅黄色，直径达4~5cm，高约2cm，浅裂，表面几无毛，背面无毛，裂片完全反折；副花冠黄色，具红芯，直径约8mm，高约7mm，裂片形态奇特，形如小鸭，"鸭"尾为外角，"鸭"头为内角顶尖；子房柱状，高约4mm。

受威胁状况评价

外来种，缺乏数据（DD）。

引种信息

华南植物园　20140995　文莱。

物候信息

勤花，温湿度合适时，全年可开。

华南植物园　生长良好，轻微冻害；勤花，花开始萌芽时，常有2~3朵花蕾同时萌发，但只有1朵花快速发育，另1朵花发育稍滞后；花寿命较长，约1周。

迁地栽培要点

较不耐寒，喜阳，亦耐阴，需温室大棚内栽培，适应性强，盆栽或绑树桩攀爬。

扦插易成活，温度适宜时，生长速度快；空气干燥时，注意补湿。

植物应用评价

大花型，可应用于悬吊观赏或藤架（墙柱）攀爬。

植株　花蕾　花序　花　花谢时　花　花刚谢　副花冠

101 红花球兰

Hoya megalaster Warb., Repert. Spec. Nov. Regni Veg. 3: 343. 1907.

自然分布

新几内亚；常见栽培。

鉴别特征

红色大钟状花冠，冠径可达60mm。

迁地栽培形态特征

附生缠绕藤本，乳汁白色，植株无毛。

茎 纤细，粗1~3mm，无毛；叶间隔长1~15cm；不定根稀缺。

叶 对生，厚肉质，心状长圆形，10~15cm×6~6.5cm，基部心形，耳明显，先端钝尖，尾尖细长，长约10mm；中脉在叶两面凸起，侧脉羽状，5~6对，在叶面凸起；叶柄圆柱形，10~20mm×3~4mm，粗壮，无毛。

花 伞状花序，多年生，球形，着花约8朵；花序梗绿色，10~25mm×4~6mm；花梗线形，约40mm×1.5mm，无毛；花萼直径约6mm，萼片细短，顶尖，绿色；花冠深红色，钟状，直径约60mm，中裂，表面几无毛，背面无毛，裂片边缘稍反卷；副花冠黄色，直径约15mm，高5~6mm，密被深红色斑点，裂片刀刃状，上表面中脊线状隆起；子房柱状，3mm×2mm。

果 未见。

受威胁状况评价

外来种，缺乏数据（DD）。

引种信息

华南植物园 20210146 花友赠送。
昆明植物园 CN20161075 市场购买。

物候信息

温湿度合适时，全年可开。
华南植物园 新引种，未观测到物候信息。

迁地栽培要点

喜阳，亦耐阴，需温室大棚内栽培，盆栽或绑树桩攀爬。
扦插易成活，温度适宜时，生长速度快；空气干燥时，注意补湿。

植物应用评价

大花型，观赏性好，可应用于藤架或墙（柱）攀爬。

102 美丽球兰

Hoya meliflua Merr., Sp. Blancoanae 318. 1918.
Stapelia meliflua Blanco. 1837.

自然分布

菲律宾；常见栽培。

鉴别特征

与 *Hoya kerrii* 相似，叶长圆形，花橙红色。

迁地栽培形态特征

附生缠绕藤本，乳汁白色，植株无毛。

🟢 茎 粗壮，粗5～10mm，光滑无毛，革质，绿色；叶间隔长6～25cm；不定根发达，可长达15～30cm。

🟢 叶 对生，中大型，绿色，厚肉质，长椭圆形至倒长椭圆形，8～15cm×3.8～5.8cm，基部圆形，先端钝尖，尾尖短；叶厚可达3～4mm，具光泽；侧脉和中脉不清晰；叶柄圆柱形，20～30mm×3～6mm，绿色，无毛，扭曲。

🟢 花 伞状花序，多年生，球形，紧凑，球径5～6cm，着花30余朵；花序梗绿色，10～25mm×4～6mm；花梗线形，长20～22mm×1mm，粗壮，浅绿至浅红色；花萼直径约8mm，萼片长圆形，钝头；花冠橙红色，完全反折，展开直径约18mm，中裂，表面被密长毛，背面无毛，边缘完全反卷；副花冠白色，直径约8mm，高约3.5mm，具红芯，不透明，裂片阔卵形，弯月状，表面内侧圆状凹陷，外角圆，稍高于内角，内角钝尖，顶尖三角型；子房卵形，高约1.5mm。

🟢 果 未见。

受威胁状况评价

外来种，缺乏数据（DD）。

引种信息

华南植物园 20102794 市场购买。
深圳仙湖植物园 F0024333 福建漳州；F0024340 泰国。
上海辰山植物园 20102933 上海；20130388 泰国。
昆明植物园 CN20161076 市场购买。

物候信息

温湿度合适时，全年可开。
华南植物园 生长良好，未见冻害；茎蔓生长旺盛；叶常年青绿；强光照下易开花，花量较多；花寿命较长，约1周。
昆明植物园 花期7～8月。

迁地栽培要点

喜阳，亦耐阴，需温室大棚内栽培，适应性强，盆栽或绑树桩攀爬。

扦插易成活，温度适宜时，生长速度快；空气干燥时，注意补湿。

植物应用评价

艳花型，叶青绿挺立，观赏性好，可应用于藤架或墙（柱）攀爬。

103 公园球兰

Hoya memoria Kloppenb., Fraterna 17(4): 2(1-3; photogrs.). 2004.

自然分布

菲律宾；常见栽培。

鉴别特征

与 *Hoya halophila* 相似，区别是叶面常被白斑，副花冠裂片狭卵形。

迁地栽培形态特征

附生匍匐状藤本，乳汁白色，植株无毛。

茎 纤细，直径2~3mm，绿色，无毛；叶间隔较密集，长4~8cm；不定根发达。

叶 对生，绿色，肉质，卵形至长圆状披针形，32~60mm×16~20mm，基部楔形至宽楔形，具短狭基，先端渐尖，尾尖短至细长；叶面常被白色斑纹，具缘毛；中脉略向下凸起，侧脉不清晰；叶柄短，5~12mm×2mm。

花 假伞形花序，多年生，扁平，紧凑，球径约40mm，着花20~30朵；花序梗下垂，长1~5cm，绿色，无毛；花梗拱状，长30~5mm，外围长于内围，浅绿色，无毛；花冠深红色，完全反折，冠径约6mm，表面被长柔毛，背面无毛，裂片顶尖反卷；副花冠双裂片，米黄色，直径约6mm，半透明，常密被红色斑点，裂片外角明显低于内角，下裂片明显伸出；子房纤细，高约2mm。

受威胁状况评价

外来种，缺乏数据（DD）。

引种信息

华南植物园　20102772、20111770、20121347 市场购买。
深圳仙湖植物园　F0024522　泰国。
上海辰山植物园　20120530　泰国。

物候信息

勤花，温湿度合适时，全年可开。
华南植物园　生长良好，未见冻害；茎蔓生长旺盛；叶常年青绿；勤花，几全年可开，易开花，花量较多；花寿命较长，约1周。

迁地栽培要点

喜阳，亦耐阴，需温室大棚内栽培，适应性强，盆栽或绑树桩攀爬。
扦插易成活，温度适宜时，生长速度快；空气干燥时，注意补湿。

植物应用评价

双裂型,花小巧艳丽,易养护,观赏性好,可应用于悬吊观赏。

104 梅氏球兰

Hoya meredithii T. Green, Phytologia 64(4): 304-306. 1988.

植株

自然分布

婆罗洲的沙巴和沙捞越；常见栽培。

鉴别特征

与 *Hoya vitellinoides* 相似，叶脉较密集，花球较大。

迁地栽培形态特征

缠绕附生藤本，乳汁白色，植株无毛。

🌿 **茎** 粗糙，比叶柄纤细，粗 2～4mm；叶间隔长 6～15cm；不定根发达。

🌿 **叶** 大型，浅绿，长椭圆形至长圆形，11～20cm×5.5～8.5cm，基部近圆形至近心形，先端钝尖，尾尖细长；叶面稍粗糙，先端常向背面反卷；中脉在叶背凸起，侧脉明显，黑绿色，7～8对；叶柄圆柱状，15～25mm×5～7mm，粗壮，扭曲。

🌸 **花** 伞状花序，多年生，球形，着花 40 余朵；花序梗长 2～5cm，无毛；花梗线形，纤细，长 16～18mm，无毛；花萼直径 5～6mm，萼片细短，长 1.5～2mm，无毛；花冠黄色，完全反折，高约 7mm，展开直径约 14mm，深裂，表面几无毛，背面无毛，裂片边缘反卷；副花冠白色，扁平，直径约 8mm，高约 3mm，裂片卵形，外角几等高于内角，外角钝尖，内角圆尖，顶尖极短；子房纤细，高约 2mm。

受威胁状况评价

外来种，缺乏数据（DD）。

引种信息

华南植物园 20121348 市场购买。

物候信息

勤花，温湿度合适时，全年可开。

华南植物园 生长较慢；几全年可开，花量稀疏；花寿命短，1～2 天。

迁地栽培要点

喜阳，亦耐阴，需温室大棚内栽培，适应性强，盆栽或绑树桩攀爬。

扦插易成活，温度适宜时，生长速度较慢；空气干燥时，注意补湿。

植物应用评价

球花型，可应用于藤架或墙（柱）攀爬。

植株

叶

花

105 玛丽球兰

Hoya merrillii Schltr., Fragm. Fl. Philipp. 1: 131.

自然分布

菲律宾；常见栽培。

鉴别特征

与 *Hoya latifolia* 相似，黄色辐射花冠，偏大，裂片边缘两侧明显反卷。

迁地栽培形态特征

附生缠绕藤本，乳汁白色，植株无毛。

茎 粗壮，粗 3~8mm，淡绿色至灰白色，无毛；叶间隔长 2~15cm；不定根发达。

叶 大型，厚肉质，心形至卵形，11~18cm×5.5~7.5cm，基部近心形，先端钝尖，尾尖细长；基出三脉，浅绿色；叶柄圆柱形，20~35mm×5~7mm，粗壮，扭曲。

花 复伞状花序，多年生，半球形，球径约 60mm，着花几十朵；花序梗长 20~60mm×4~6mm，绿色；花梗线形，长约 18mm，浅绿色；花萼直径 3.5~4mm，萼片线形；花冠明黄色，平展，直径约 14mm，深裂，表面被短柔毛，背面无毛，裂片两侧向背面反卷；副花冠白色，直径约 6mm，高约 2.5mm，稍透明，裂片斜立，卵状披针形，外角渐尖，顶尖向后反折，高于内角，内角圆，顶尖细短；子房卵形，1mm×1mm，钝头。

受威胁状况评价

外来种，缺乏数据（DD）。

引种信息

华南植物园　20142167　市场购买。

深圳仙湖植物园　F0024535　泰国。

昆明植物园　CN20161077　市场购买。

物候信息

勤花，温湿度合适时，全年可开。

华南植物园　生长良好，未见冻害；茎蔓生长旺盛，易发枝；几全年可开，花量较多；花寿命较短，3~4天。

迁地栽培要点

喜阳，需温室大棚内栽培，适应性强，盆栽，或绑树桩攀爬。

扦插易成活，温度适宜时，生长速度快；空气干燥时，注意补湿。

植物应用评价

球花型，可应用于藤架或墙（柱）攀爬。

106 米氏球兰

Hoya migueldavidii Cabactulan, Rodda & R. B. Pimentel, PhytoKeys 80: 107. 2017.

自然分布

菲律宾；常见栽培。

鉴别特征

与 *Hoya anncajanoae* 相似，叶卵形，红色反折花冠偏小。

迁地栽培形态特征

附生匍匐状藤本，乳汁白色，植株被柔毛。

茎 纤细，粗1~2mm，酒红色至绿色，幼枝酒红色，被柔毛；叶间隔较密集，长2~8cm，不定根发达。

叶 对生，绿色，被毛，卵形至椭圆形，稀卵状披针形，24~30mm×15~18mm，基部近圆至宽楔形，先端钝尖，尾尖不明显；叶面较粗糙，叶缘常红黑色至黑色，具缘毛；中脉在叶面凸起，侧脉不清晰；叶柄纤细，长4~6mm，酒红色至绿色，无毛。

花 假伞形花序，表面扁平，球径22~25mm，着花15~18朵；花序梗纤细，40~50mm×1mm，花梗拱形，12~5mm，外围长于内围，浅绿色，无毛；花冠酒红色，完全反折，直径约4mm，高约3mm，表面被毛，背面无毛；副花冠双裂片，明黄色，具红芯，直径约3mm，高约2mm，上裂片长圆状披针形，外角明显低于内角，内角顶尖细长，下裂片稍伸出。

受威胁状况评价

外来种，缺乏数据（DD）。

引种信息

华南植物园 20102833 市场购买。

物候信息

勤花，温湿度合适时，全年可开。

华南植物园 生长良好，未见冻害；茎蔓生长旺盛，易发枝；阳光下或昼夜温差大时，叶常转红；几全年可开，花量较多；花寿命较长，约1周。

迁地栽培要点

喜阳，亦耐阴，需温室大棚内栽培，适应性强，盆栽或绑树桩攀爬。

扦插易成活，温度适宜时，生长速度快；空气干燥时，注意补湿。

植物应用评价

双裂型，可应用于悬吊观赏。

107 迈纳球兰

Hoya minahassae Schltr., Beih. Bot. Centralbl., Abt. 2 34(2): 15. 1916.

自然分布

苏拉威西岛；常见栽培。

鉴别特征

与 *Hoya diptera* 相似，叶缘增厚，常具黑边。

迁地栽培形态特征

附生缠绕藤本，乳汁白色，植株被疏毛。

茎 粗2~4mm，绿黄色，被疏毛；叶间隔长6~16cm；不定根发达。

叶 对生，绿色，卵形至卵状披针形，55~120mm×27~45mm，基部圆至宽楔形，具短狭基，先端渐尖，尾尖细长；叶面光滑，常具光泽，叶缘常被深红色斑点，具缘毛；中脉在叶背凸起，侧脉不清晰；叶柄圆柱形，10~30mm×3~4mm，被疏毛。

花 伞状花序，多年生，表面扁平，球径6~7cm，着花4~10朵；花序梗较短，长2~3cm，被疏毛；花梗拱形，长35~15mm，外围明显长于内围，无毛；花萼直径约5mm，萼片短小；花冠乳白色，扁平，直径约19mm，深裂，表面被毛，背面无毛，裂片边缘稍反卷，顶尖反折；副花冠明黄色，平展，直径7~8mm，高约3.5mm，具红芯，裂片卵状披针形，拱状，外角锐尖，稍高于内角，内角圆，顶尖细长；子房钝头，高约1mm。

受威胁状况评价

外来种，缺乏数据（DD）。

引种信息

华南植物园　20131618 市场购买。

物候信息

勤花，温湿度合适时，全年可开。

华南植物园　生长良好，未见冻害；茎蔓生长较为旺盛，易发枝；几全年可开，花量较多；花寿命较短，4~5天。

迁地栽培要点

喜阳，亦耐阴，需温室大棚内栽培，适应性强，盆栽或绑树桩攀爬。

扦插易成活，温度适宜时，生长速度快；空气干燥时，注意补湿。

植物应用评价

观叶型，可应用于悬吊观赏或小型藤架（墙柱）攀爬。

花刚开时，后续花蕾常进入膨大期，花谢时，花蕾进入成熟期

108 民都洛球兰

Hoya mindorensis Schltr., Philipp. J. Sci. 1(Suppl.): 303. 1906.

自然分布

菲律宾和婆罗洲；常见栽培。

鉴别特征

花黄色至深红色，完全反折，副花冠三棱柱状。

迁地栽培形态特征

附生缠绕藤本，乳汁白色，植株无毛。

🟢 茎 粗2~6mm，绿色；叶间隔长6~15cm；不定根稀缺。

🟢 叶 对生，肉质，倒卵状披针形至椭圆形，8~13cm×40~55mm，基部楔形至宽楔形，先端钝尖，尾尖极短；叶面先端常下卷；中脉在叶背凸起，叶脉隐约可见，3~4对；叶柄圆柱形，12~20mm，绿色，扭曲。

🟢 花 伞状花序，多年生，球形，球径30~35mm，着花多朵；花序梗粗壮，20~60mm×3~4mm，绿色；花梗线形，长12~14mm，浅绿色，无毛；花萼直径约4mm，萼片短；花冠浅黄至橙红色，完全反折，高约6mm，展开直径约12mm，表面被稀疏长毛，杂乱，背面无毛，顶尖反折；副花冠浅红至深红色，平展，直径约7mm，高约3mm，裂片三棱柱状，上表面板状隆起；花粉块边缘不透明；子房柱形，高约1.2mm。

🟢 果 线形。

受威胁状况评价

外来种，缺乏数据（DD）。

引种信息

华南植物园 20191623 深圳仙湖植物园。

深圳仙湖植物园 F0024487、F0024407、F0024493、F0024408 泰国。

上海植物园 2010-4-0279、2010-4-0280 马来西亚。

昆明植物园 CN20161081 市场购买。

物候信息

勤花，温湿度合适时，全年可开。

华南植物园 生长良好，未见冻害；茎蔓生长旺盛；易发枝；叶通常为绿色，若昼夜温差大时，常密被红色斑点；几全年可观测到花开，花量较多；花寿命较长，约1周。

昆明植物园 花期4~5月。

迁地栽培要点

喜阳，亦耐阴，需温室大棚内栽培，适应性强，盆栽或绑树桩攀爬。

扦插易成活，温度适宜时，生长速度快；空气干燥时，注意补湿。

植物应用评价

奇花型，可应用于藤架或墙（柱）攀爬。

本种种间差异主要是在花色上，从浅黄色至深红色；同时，受环境的影响，叶常或多或少被红色的斑点。

109 异球兰

Hoya mirabilis Kidyoo, Trop. Nat. Hist. 12(1): 21, figs. 1, 2A-D, 3. 2012.
Hoya somadeeae Rodda & Simonsson. 2012.

自然分布

泰国；常见栽培。

鉴别特征

与 *Hoya lacunosa* 极相似，叶面常具白色大斑点，花明显偏大，黄绿色。

迁地栽培形态特征

附生匍匐藤本，乳汁白色，植株几无毛。

茎 匍匐状，粗2~3mm，酒红色至绿色，幼时被疏毛；叶间隔密集，长2~6cm；不定根极发达。

叶 对生，暗绿，狭卵形至倒狭卵形，3~8cm×1~2.5cm，基部楔形，先端渐尖，尾尖短，叶面常被白色斑纹，叶缘粗糙，具缘毛；中脉在叶背凸起，侧脉不清晰；叶柄圆柱形，5~15mm，具浅槽，被柔毛。

花 伞状花序，多年生，表面扁平稍凹，紧凑，着花20余朵；花序梗细长，长6~15cm，被疏毛；花梗拱状，长30~20mm，外围长于内围，无毛；花冠黄绿色，完全反折，直径约10mm，浓香，中裂，表面除裂片外被密长毛，背面无毛，裂片边缘完全反卷；副花冠黄绿色，直径约8mm，半透明，裂片菱形，外角圆，向下延伸，内角钝尖，顶尖三角形，边缘在底部连合，无皱褶；子房高约1.5mm。

受威胁状况评价

外来种，缺乏数据（DD）。

引种信息

华南植物园 20121294、20102838 市场购买。

深圳仙湖植物园 F0024564、F0024350 泰国。

物候信息

华南植物园 生长良好，未见冻害；茎蔓生长旺盛，易发枝；花期8~11月，勤花；花寿命较长，约1周。

迁地栽培要点

喜阳，亦耐阴，需温室大棚内栽培，适应性强，盆栽或绑树桩攀爬。

扦插易成活，温度适宜时，生长速度快；空气干燥时，注意补湿。

植物应用评价

匍匐型，花小巧精致，观赏性好，可应用于悬吊观赏。

本种在中国的引种名为大叶柯兰和小叶柯兰（*Hoya* kawlan 'Big leaf' 和 *H.* kawlan 'Small leaf'），这两种的花只有细微的差别，应为同一个种。

110 蜂出巢

Hoya multiflora Blume, Catalogus 49. 1823.
Centrostemma multiflorum (Bl.) Decne. 1838.

自然分布

中国西南地区，以及中南半岛、菲律宾群岛、马来群岛、印度尼西亚群岛等；常见栽培。

鉴别特征

植株类似于 *Hoya praetorii*，花冠内被柔毛，副花冠裂片向下延伸。

迁地栽培形态特征

附生灌木，乳汁白色，植株无毛。

茎 粗壮，粗5~8mm，长可达1m及以上，绿黄色至绿色，分枝少；叶间隔长2~9cm；不定根稀缺。

叶 对生，绿色，薄肉质，椭圆状长圆形，或狭卵形长圆形，尾尖短或细长，6~15cm×4~5.5cm，基部圆形，先端钝尖；叶缘常波浪状，不平整；中脉在叶背凸起，侧脉6~8对，隐约可见；叶柄较细，长1~2cm，具浅槽。

花 伞状花序，多年生，顶生和腋生，伞状凸起，着花20~50朵；花序梗较短，长3cm，绿色，易脱落；花梗线形，长40~50mm；花萼直径7~8mm，钝头，无毛；花冠黄绿色至黄色，完全反折，高约20mm，展开直径24~25mm，清香，深裂至近基部，冠喉内具明显长白毛，表面被疏毛，背面无毛，裂片两侧边缘反卷；副花冠白色，高约8mm，直径约9mm，裂片菱形，内角与外角角度约120°，外角线状披针形，长约3mm，向下延伸，内角方状披针形，直立，顶尖长三角形，长约3mm；子房纤细，约3mm×1mm，绿色。

果 未见。

受威胁状况评价

中国原生种，未评价；易受环境影响，或滥采而致危，建议调整至易危（VU）。

引种信息

华南植物园　20102797、20114513、20102843、20120340 市场购买；20182304 赠送（中国原生种，引自云南）。

深圳仙湖植物园　F0024332 福建漳州；F0024349 泰国。

上海植物园　2010-4-0281 马来西亚。

上海辰山植物园　20102943 上海购买；201202557、20130390 泰国。

厦门市园林植物园　缺引种号 市场购买。

昆明植物园　缺引种号 市场购买。

物候信息

勤花，温湿度合适时，全年可开。

华南植物园 生长良好,未见冻害;分枝少;几全年可观测到花开,花量较多;花寿命较长,约1周。

迁地栽培要点

较耐寒,喜阳,亦耐阴,需温室大棚内栽培,适应性强,盆栽或板植。

植物应用评价

灌木型,茎粗壮,可应用于地栽、盆栽和附生墙(柱)观赏。

本种为广布种,叶形变化大,模式采集于印度尼西亚。中国植物园迁地保育的来源有外来种和中国原生种2类,外来种原产于爪哇或菲律宾,引种名常称为爪哇球兰(华植20120340等)或流星球兰(华植20102797、20114513和20102843等);FOC称为蜂出巢(华植20182304)。编者查阅标本和迁地保育于中国植物园的活体植株,这些植株(或标本)多少有些差异,这些差异是否是分种的依据,还需收集马来群岛、菲律宾群岛、中南半岛等地区的样本做进一步的研究,本志书暂作为同种处理。从适应性看,中国原生种(云南)适应性较为优良,耐寒耐热。

景观　　　　　　　　　　　　　　　国外栽培来源

中国野生来源

111
蚁巢球兰

Hoya myrmecopa Kleijn & Donkelaar, Blumea 46: 477. 2001.

自然分布

印度尼西亚；常见栽培。

鉴别特征

与 *Hoya lucardenasiana* 相似，花冠粉色，反折，花冠偏小。

迁地栽培形态特征

附生匍匐藤本，乳汁白色，被疏毛。

茎 匍匐状缠绕，粗糙，粗3~5mm，绿色，被疏毛；叶间隔较密集，长2~5cm；不定根发达。

叶 对生，肉质，卵形至狭卵形，40~60mm×22~30mm，基部楔形至宽楔形，具短狭基，先端钝尖，尾尖短；叶面稍粗糙；叶脉不清晰；叶柄圆柱形，长6~12mm，被疏毛。

花 伞状花序，多年生，球形，球径约30mm，着花20余朵；花序梗短，5~15mm×2~3mm，被疏毛；花梗线形，长13~14mm，无毛；花萼直径约3mm，萼片宽卵形；花冠粉色，薄，完全反折，直径5~6mm，高约4mm，中裂，表面被短柔毛，背面无毛，裂片顶尖完全反折；副花冠浅黄色，平展，直径约4mm，高约2mm，裂片狭卵形，上表面沿边缘内陷，外角圆，稍高于内角，内角顶尖细长；子房高约1mm。

受威胁状况评价

外来种，缺乏数据（DD）。

引种信息

华南植物园 20121349 市场购买。

深圳仙湖植物园 F0024496 泰国。

物候信息

勤花，温湿度合适时，全年可开。

华南植物园 生长良好，未见冻害；茎蔓生长旺盛，多枝；几全年可开，花量较多；花寿命较长，约1周。

迁地栽培要点

喜阳，亦耐阴，需温室大棚内栽培，适应性较强，盆栽或绑树桩攀爬。

扦插易成活，温度适宜时，生长速度快；空气干燥时，注意补湿。

植物应用评价

垂吊型，可应用于悬吊观赏。

112
纳巴湾球兰

Hoya nabawanensis Kloppenburg & Wiberg, Fraterna 15: 2. 2002.

自然分布

沙巴（婆罗洲）；常见栽培。

鉴别特征

与 *Hoya obscura* 相似，花、叶偏小，叶脉不明显，反折花冠粉色。

迁地栽培形态特征

附生匍匐藤本，乳汁白色，植株被疏柔毛。

茎 匍匐状，粗2~5mm，嫩绿，被疏柔毛；叶间隔长2~8cm；不定根极发达。

叶 对生，嫩绿，椭圆形至长圆形，30~70mm×15~25mm，基部圆至宽楔形，先端急尖，尾尖细短；中脉在叶背凸起，侧脉隐约可见，3~4对；叶柄稍短，长5~9mm，绿色，被疏柔毛。

花 伞状花序，多年生，表面扁平稍凹，紧凑，球径26~30mm，着花20余朵；花序梗绿色，长20~50mm×2~3mm，被疏柔毛；花梗拱状，长12~3mm，外围长于内围，无毛；花冠粉色，完全反折，直径约5mm，高约2.5mm，中裂，表面被密长毛，背面无毛，边缘完全反卷；副花冠黄色，直径约4mm，裂片卵圆形，弯月状，外角圆，稍低于内角，内角顶尖细，底部边缘联合，中裂；子房小，高约1mm。

受威胁状况评价

外来种，缺乏数据（DD）。

引种信息

华南植物园 20121350 市场购买。

深圳仙湖植物园 F0024351 泰国。

物候信息

勤花，温湿度合适时，全年可开。

华南植物园 生长良好，轻微冻害；茎蔓生长旺盛；叶常年青绿；几全年可开，花量较多；花寿命较长，约1周。

迁地栽培要点

较不耐寒，耐阴，需温室大棚内栽培，适应性强，盆栽或绑树桩攀爬。

扦插易成活，温度适宜时，生长速度较快；空气干燥时，注意补湿。

植物应用评价

观叶型，可应用于悬吊观赏。

257

113 瑙曼球兰

Hoya naumannii Schltr., Bot. Jahrb. Syst. 40 (3, Beibl. 92): 15. 1908.

自然分布

所罗门群岛；常见栽培。

鉴别特征

与 *Hoya kenejiana* 相似，植株无毛，白色辐射花冠深裂，常具红芯。

迁地栽培形态特征

附生缠绕藤本，乳汁白色，植株无毛。

茎 粗2~6mm，绿色，具光泽；叶间隔长2~12cm；不定根较少。

叶 对生，薄肉质，长圆形至倒卵状长圆形，11~15cm×3.5~5.5cm，基部圆形至宽楔形，先端钝尖；叶面光滑，具光泽；中脉在叶背凸起，侧脉羽状，4~5对；叶柄圆柱形，15~25mm×3~4mm，具浅槽，绿色。

花 伞状花序，多年生，球形，松散，着花10余朵；花序梗较短，20~50mm×3~4mm；花梗线形，28~30mm，浅绿色；花萼直径5~6mm，萼片长圆形，钝头，具缘毛；花冠白色，平展，直径16~17mm，具红芯，深裂，表面被长柔毛，背面无毛，裂片边缘稍反卷；副花冠乳白色，平展，直径约7mm，具红芯，不透明，裂片卵形，拱状，卵状凹陷，外角钝，明显高于内角，内角圆尖，顶尖线形，倚靠在合蕊柱上；子房高约2mm，钝头。

受威胁状况评价

外来种，缺乏数据（DD）。

引种信息

华南植物园　20102789、20102800 市场购买。

深圳仙湖植物园　F0024341 福建漳州。

上海植物园　2010-4-0276 马来西亚。

上海辰山植物园　20102932 上海；20120558 泰国。

昆明植物园　CN20161085 市场购买。

物候信息

勤花，温湿度合适时，全年可开。

华南植物园　生长良好，未见冻害；茎蔓生长旺盛；叶常年青绿；花期4~10月，花量较为稀少；花寿命较长，约1周。

迁地栽培要点

喜阳，亦耐阴，需温室大棚内栽培，适应性较强，盆栽或绑树桩攀爬。

扦插易成活，温度适宜时，生长速度快；空气干燥时，注意补湿。

植物应用评价

球花型，可应用于悬吊观赏或攀援观赏。

本种在国内，引种拉丁名常错误写成 *Hoya naumanii* 或 *H. maumanii*。

114 新波迪卡球兰

Hoya neoebudica Guillaumin, Bull. Mus. Natl. Hist. Nat. 9: 294. 1937.

自然分布

新几内亚；常见栽培。

鉴别特征

与 *Hoya cinnamomifolia* 相似，叶偏小，反折花冠水红色。

迁地栽培形态特征

附生缠绕藤本，乳汁白色，植株无毛。

🌿 茎 粗 2~5mm，绿色，无毛；叶间隔长 2~12cm；不定根发达。

🌿 叶 对生，绿色，狭倒椭圆形至长圆形，6~10cm×3~4cm，基部圆形至宽楔形，先端圆尖，尾尖细长，长达 10~15mm；基出三脉，在叶面凸起，浅绿色；叶柄圆柱形，10~25mm×3~4mm，具浅槽。

🌸 花 伞状花序，多年生，半球形，着花 12~15 朵；花序梗较短，长 3~6cm，无毛；花梗线形，长 20~21mm，浅绿色至红色；花冠水红色，完全反折，高 6~7mm，展开直径 19~20mm，深裂，表面被短柔毛，背面无毛，裂片顶尖反折；副花冠黄色，扁平，直径约 7mm，具红芯，裂片卵形，中凹，外角钝圆，几等高于内角，内角顶尖细短；子房高约 1mm。

受威胁状况评价

外来种，缺乏数据（DD）。

引种信息

华南植物园 20102802 市场购买。

深圳仙湖植物园 F0024302 福建漳州；F0024474 泰国。

上海辰山植物园 20120559 泰国。

物候信息

勤花，温湿度合适时，全年可开。

华南植物园 生长良好，未见冻害；茎蔓生长旺盛；叶常年青绿；易开花，花量较稀少；花寿命短，2~3 天。

迁地栽培要点

喜阳，亦耐阴，需温室大棚内栽培，适应性强，盆栽或绑树桩攀爬。

扦插易成活，温度适宜时，生长速度快；空气干燥时，注意补湿。

植物应用评价

艳花型，可应用于悬吊或墙（柱）攀爬。

115 凸脉球兰

Hoya nervosa Tsiang & P. T. Li, Acta Phytotax. Sin. 12: 122-124, pl. 28. 1974.

自然分布

云南、广西等；模式采集于云南思茅，未见栽培。

鉴别特征

与 *Hoya hainanensis* 相似，叶大型，副花冠裂片卵状披针形。

迁地栽培形态特征

附生缠绕藤本，乳汁白色，植株被疏毛。

茎 粗2~6mm，被疏毛；叶间隔长8~16cm；不定根较发达。

叶 大型，对生，肉质，倒卵长圆状披针形至长圆状披针形，8~20cm×3.5~7.5cm，基部楔形至宽楔形，具长狭基，稀短或无，先端钝尖；叶无毛，叶面常具光泽，具缘毛；叶脉在叶面凸起，侧脉羽状，3~4对；叶柄圆柱形，10~30mm×4~6mm，粗壮，被疏毛。

花 伞状花序，多年生，球形，紧凑，球径约60mm，着花20余朵；花序梗较长，80~150mm×2~3mm，被疏毛；花梗线形，长15~16mm，淡绿色，无毛；花萼直径约7mm，萼片阔卵形，被疏毛，具缘毛；花冠白色，或白中带粉，或紫色，完全反折，高约5mm，展开直径18~20mm，清香，深裂，表面被短柔毛，背面无毛，裂片顶尖反折；副花冠白色，直径7~8mm，具红芯或无，裂片卵状，斜立，上表面内侧凹陷，外角锐尖，内角圆尖，顶尖细短；子房柱状，高约1.5mm，顶尖。

受威胁状况评价

中国原生种，无危（LC）。

引种信息

华南植物园　20131630、20131652 云南文山；20160717 云南金平。

深圳仙湖植物园　F0024670 云南。

上海辰山植物园　20130407 泰国。

昆明植物园　CL201603 河口。

物候信息

华南植物园　生长良好，未见冻害；茎蔓生长旺盛；叶常年青绿；易开花，花期3~8月；紫花（华南植物园20131652）花期通常早于白花（华南植物园20131630）约半个月；花寿命长，约10天。

迁地栽培要点

较耐寒，喜阳，亦耐阴，适应性强，盆栽或绑树桩攀爬。

扦插易成活，温度适宜时，生长速度快；空气干燥时，注意补湿。

植物应用评价

球花型，可应用于悬吊观赏或墙柱攀爬。

FOC简单记录了本种的分类学特征。基于迁地保育于华南植物园的活植物持续观察，观测到本种生物多样性丰富，有白色、粉色和淡紫色3种花色，本志书补充描写了本种被疏毛的分类学特征；同时，本种在越南、老挝等地，常被记录为 *Hoya arnottiana*（模式采集于尼泊尔），基于编者未查阅到本种合并入 *H. arnottiana* 的文献记录，故本志书保留FOC的记录。

白花

红花　　　　　　　　　　　紫花

116 钱叶球兰

Hoya nummularioides Cost., Fl. Indo-Chine 4: 129. 1912.

自然分布

老挝、柬埔寨；常见栽培。

鉴别特征

小卵叶，花序扁平稍凹，花白色。

迁地栽培形态特征

附生匍匐藤本，乳汁白色，植株被毛。

茎 匍匐状，粗3~6mm，较硬，绿色被毛，多分枝；叶间隔较密集，长2~6cm；不定根多而发达，可长达5cm及以上。

叶 对生，绿色，肉质，被毛，近心形或卵形，15~35mm×10~15mm，基部近圆形，先端钝尖，尾尖极短；叶两面被毛；中脉及侧脉不清晰；叶柄短，3~5mm，纤细，被毛。

花 伞状花序，多年生，表面扁平稍凹，球径30~35mm，着花17~19余朵；花序梗纤细，20~50mm，被毛；花梗拱形，长16~5mm，外围长于内围，浅绿色，被疏毛；花萼直径约3mm，萼片卵状披针形，被毛；花冠白色，扁平，直径约8mm，浓香，中裂，表面被长柔毛，背面无毛，边缘反卷；副花冠浅紫红色，直径约5mm，平展，半透明，具红芯，裂片卵状披针形，中脊卵状被针状隆起，外角钝尖，几与内角等高，内角顶尖三角形，倚靠在合蕊柱上；子房纤细，高约1.5mm。

果 未见。

受威胁状况评价

外来种，缺乏数据（DD）。

引种信息

华南植物园　20131652　市场购买。
深圳仙湖植物园　F0024495　泰国；F0024651　福建漳州。
上海植物园　2010-4-0283　马来西亚。
上海辰山植物园　20122983　浙江。
昆明植物园　CN20161088　市场购买。

物候信息

华南植物园　生长良好，未见冻害；蔓茎生长旺盛；花期9~11月，花量较多；花寿命较长，约1周。

迁地栽培要点

喜阳，亦耐阴，需温室大棚内栽培，适应性强，盆栽或绑树桩攀爬。扦插易成活，当空气干燥时，注意补湿。

植物应用评价

匍匐型，叶小密集，可应用于悬吊观赏。

265

117 林芝球兰

Hoya nyingchiensis Y. W. Zuo & H. P. Deng, Phytotaxa 468: 130, 2020.

自然分布

西藏林芝；未见栽培。

鉴别特征

与 *Hoya chinghungensis* 相似，叶更大，花序着花4朵，白色花冠完全反折。

迁地栽培形态特征

附生灌木，乳汁白色，植株被毛。

茎 粗约3mm，绿色，被毛，茎可长达2m；叶间隔密集，长1~10mm；不定根稀缺。

叶 对生，绿色，厚肉质，阔椭圆形，10~18mm×8~10mm，基部圆形，先端渐尖，顶尖细短，褐色；叶两侧常向背面反卷；叶面幼时被疏毛，老时掉落，背面毛较密集，具缘毛；叶脉不清晰；叶柄短，长2~3mm，纤细，被毛。

花 伞状花序，一年生，顶生和腋生，扁平，着花约4朵；花序梗纤细，长约10mm，被毛；花梗拱状，长17~18mm，被疏毛；花萼直径7~8mm，萼片3~4mm×1~2mm，浅绿色，被毛；花冠白色，完全反折，高约12mm，展开直径约21mm，中裂，表面被柔毛，背面无毛，边缘及顶尖稍反卷；副花冠紫红色，平展，直径约7mm，高约4mm，稍透明，裂片长圆形，中脊隆起，外角圆，稍高于内角，内角顶尖反折，倚靠在合蕊柱上；子房高约2mm，锥状。

果 未见。

受威胁状况评价

中国原生种，未评价；分布狭窄，易受环境影响，或滥采而致危，建议调整至易危（VU）。

引种信息

华南植物园　20210361　西藏墨脱。

物候信息

华南植物园　新引种，未有物候记录。

迁地栽培要点

建议板植。

植物应用评价

暂未驯化成功。

118 倒心叶球兰

Hoya obcordata Hook. f., Fl. Brit. India 4: 56. 1883.
Hoya obreniformis King. 1906.

藤蔓　对生叶　下垂花序

自然分布
西藏墨脱，以及印度东北部；未见栽培。

鉴别特征
与 *Hoya serpens* 相似，叶倒心形，先端常凹缺。

迁地栽培形态特征
匍匐附生藤本，乳汁白色，植株被毛。

茎 匍匐，纤细，粗1~3mm，绿色，被毛；叶间隔较密集，长1.5~6cm；不定根发达，短。

叶 对生或两对叶簇生，肉质，绿色，倒心形至倒椭圆形，15~25mm×15~20mm，基部圆形，先端截平或稍凹缺，尾尖针状，极短；叶两面被疏毛，具缘毛；侧脉羽状，2~3对，与中脉在叶面稍凸起；叶柄短，长3~6mm，纤细，被毛。

花 伞状花序，多年生，伞形，着花10余朵；花序梗长10~50mm，绿色，被毛；花梗线形，长约16mm，无毛；花萼直径约3mm，萼片卵状披针形；花冠乳白色，直径约11mm，平展，中裂，表面被密长毛，背面无毛；副花冠白色，直径约4.5mm，高约2mm，具红芯，半透明，裂片椭圆形，斜立，外角圆，顶尖向上，明显高于内角，内角圆，顶尖线形；子房柱状，高约1mm。

果 细长，拱状，长约10cm。

受威胁状况评价

中国原生种，未评价；易受环境影响，或滥采而致危，建议调整至易危（VU）。

引种信息

　　华南植物园　　20200575　西藏墨脱。
　　昆明植物园　　缺引种号　林芝地区。

物候信息

　　华南植物园　　未见冻害；茎蔓生长速度较快，常年青绿；新引入种，2020年底至2021年6月，观测到花梗萌发，花蕾萌发后罕见膨大发育，于2021年9月8日首次观测到花开；花寿命约5天。

迁地栽培要点

　　喜阳，亦耐阴，需温室大棚内栽培，适应性强，盆栽或绑树桩攀爬。
　　扦插易成活，空气干燥时，注意补湿。

植物应用评价

　　观叶型，叶小而圆，青绿，具光泽，可应用于悬吊观赏。

　　中国新记录种，本志书首次记录，其自然分布狭窄，只在墨脱发现有少量野生种群。稍早发表的 *Hoya obcordata* Teijsm. & Binn.（1866）是一个裸名，不合格；*H. obreniformis* King原始文献引用了 *H. obcordata* Hook. f.，为其同模式异名，故是一个多余名。

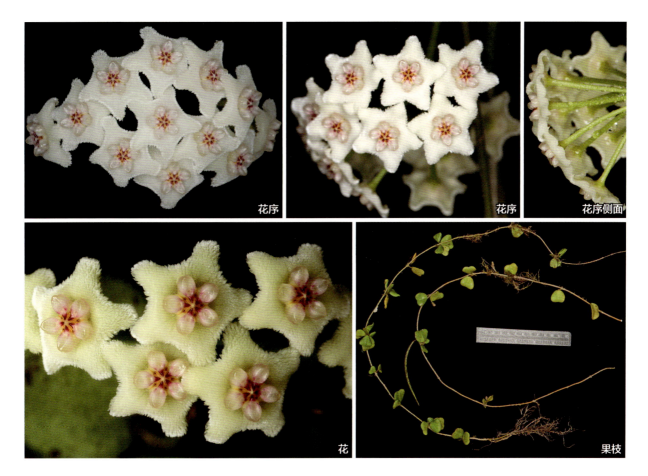

花序　　　　　　　　　　花序　　　　花序侧面

花　　　　　　　　　　　　　　　　果枝

119 倒披针叶球兰

Hoya oblanceolata Hook. f., Fl. Brit. India 4: 57. 1883.

自然分布

西藏墨脱，以及尼泊尔等。

鉴别特征

与 *Hoya shepherdi* 相似，叶倒卵状长圆形，花偏大。

迁地栽培形态特征

附生大藤本，乳汁白色，植株无毛。

🟢 **茎** 粗3~6mm，绿色至灰白色，无毛，常被黑色斑点；叶间隔长2~12cm，不定根偶见。

🟢 **叶** 对生，深绿，厚肉质，倒卵状长圆形，7~11cm×2.8~3.2cm，基部圆形，先端钝尖，尾尖细长；中脉在叶两面凸起，侧脉不清晰；叶柄圆柱形，10~25mm×3~5mm，绿色，扭曲，常被黑色斑点。

🟢 **花** 伞状花序，多年生，伞形，着花10余朵；花序梗短，10~50mm×2~4mm；花梗线形，无毛；花冠白色，近钟状，中裂，表面被密长毛，背面无毛，裂片两侧边缘向背面反卷；副花冠白色，不透明，具浅红芯，裂片倒卵形，拱状，外角向上抬升，外角长三角形，倚靠在合蕊柱上。

受威胁状况评价

中国原生种，未评价；只在墨脱发现有少量野生种群，建议调整至易危（VU）。

引种信息

华南植物园 20200932 西藏墨脱。

物候信息

华南植物园 生长良好，未见冻害；新引种，未观测到花。

迁地栽培要点

华南植物园 易扦插繁殖，较耐寒。

植物应用评价

藤本，可应用于藤架或墙（柱）攀爬。

中国新记录种，本志书首次记录，其自然分布狭窄，只在墨脱发现有少量野生种群。

叶　　引种枝条　　拍摄于墨脱　　叶

拍摄于墨脱

271

120 倒卵尖球兰

Hoya oblongacutifolia Cost., Fl. Indo-Chine 4: 139. 1912.

自然分布

泰国、越南；常见栽培。

鉴别特征

与 *Hoya chlorantha* 相似，叶深绿色，花白色。

迁地栽培形态特征

附生藤本，乳汁白色，植株无毛。

🟢茎 粗3~8mm，橄榄灰至土黄色，无毛；叶间隔长4~16cm；不定根稀疏。

🟢叶 对生，肉质，浓绿，倒椭圆形至倒卵状长圆形，6~8cm×3.5~4.5cm，基部钝，先端圆尖，尾尖短；叶脉在叶背凸起，侧脉不清晰；叶柄圆柱形，长10~15mm，具浅槽，绿色，扭曲。

🟢花 伞状花序，多年生，球形，着花20余朵；花序梗长2~6cm，绿色，无毛；花梗线形；花冠白色，平展，深裂，表面被密长毛，背面无毛，裂片边缘稍反卷；副花冠稍透明，具红芯，裂片卵形，拱状，上表面内侧椭圆状凹陷，外角斜立，顶尖圆，内角圆尖，顶端细长，反折靠在合蕊柱上。

受威胁状况评价

外来种，缺乏数据（DD）。

引种信息

华南植物园 20102720 市场购买。

深圳仙湖植物园 F0024594、F0024299 泰国。

上海辰山植物园 20120521 泰国。

昆明植物园 CN20161036 市场购买。

物候信息

华南植物园 叶常年浓绿，生长旺盛，未观测到花开。

昆明植物园 花期6~7月。

迁地栽培要点

较耐寒，喜阳，亦耐阴，盆栽或绑树桩攀爬。

扦插易成活，温度适宜时，生长速度快；空气干燥时，注意补湿。

植物应用评价

球花型，可应用于藤架或墙（柱）攀爬。

本种在国内引种名常记录为 *Hoya graveolens*。

121 倒卵叶球兰

Hoya obovata Decne., Prodr. 8: 635. 1844.

植株

植株

自然分布

摩洛加群岛；常见栽培。

鉴别特征

与 *Hoya kerrii* 相似，叶先端圆，叶面常被白斑。

迁地栽培形态特征

缠绕大藤本，乳汁白色，植株被毛。

🌿 茎 粗壮，粗5~10mm，绿色至灰白色，被毛；叶间隔长4~18cm；不定根极发达，长达20cm以上。

🌿 叶 对生，厚肉质，倒卵形至椭圆形，6~10cm×4~7cm，基部圆形至宽楔形，先端钝，或圆或近截平，尾尖极短，常反卷；叶两面被毛，叶背更密集；叶脉不清晰，叶柄圆柱形，15~30cm×4~6cm，扭曲，绿色，被毛。

🌸 花 伞状花序，多年生，半球形，球径5~6cm，着花10~20朵；花序梗粗壮，15~50mm×3~6mm，被毛；花梗线形，长30~31mm，被毛；萼片卵状披针形，3~4mm，顶尖，被毛；花粉色，完全反折，展开直径约15mm，香，中裂，表面被密长毛，背面无毛，裂片边缘反卷；副花冠紫红色，扁平，直径约7mm，裂片卵形，弯月状，外角钝圆，内角圆尖，顶尖细长；子房高约2mm。

受威胁状况评价

外来种，缺乏数据（DD）。

引种信息

华南植物园 20111769、20121984 网购；20140003 新加坡植物园。

深圳仙湖植物园 F0024577、F0024367、F0024573 泰国。

上海植物园 2010-4-0285 马来西亚。

上海辰山植物园 20102927 上海购买；20120562 泰国。

昆明植物园 CN20161039 市场购买。

厦门市园林植物园 缺引种号 市场购买。

物候信息

勤花，温湿度合适时，全年可开。

华南植物园 生长良好，未见冻害；茎蔓生长旺盛；潮湿荫蔽环境下，叶面易长白色斑纹；几全年可观测到花开，花量较多；花寿命较长，约1周。

昆明植物园 观测到花期4月。

迁地栽培要点

喜阳，亦耐阴，需温室大棚内栽培，适应性强，盆栽或绑树桩攀爬。

扦插易成活，温度适宜时，生长速度快；空气干燥时，注意补湿。

植物应用评价

观叶型，叶厚奇特，应用于盆栽、藤架或墙（柱）攀爬。

122 小棉球兰

Hoya obscura Elmer & Merr., Enum. Philipp. Fl. Pl. 3. 352. 1923.

自然分布

菲律宾；常见栽培。

鉴别特征

与 *Hoya lacunosa* 相似，茎粗壮，花、叶明显偏大，叶脉清晰，浅绿色。

迁地栽培形态特征

附生匍匐状藤本，乳汁白色，植株无毛。

🌱 匍匐状缠绕，粗2～6mm，绿色，无毛；叶间隔长2～10cm；不定根发达。

🍃 对生，绿中带红，肉质，倒卵状披针形或长圆状披针形，6～12cm×2.5～3.3cm，基部宽楔形至圆形，先端钝尖，尾尖细短；中脉在叶背凸起，侧脉羽状，4～5对，浅绿色；叶柄较细，10～15mm×2～3mm，绿色，无毛。

🌸 伞状花序，多年生，伞状扁平，紧凑，球径45～50mm，着花20余朵；花序梗细长，80～120mm×1～2mm；花梗拱状22～6mm，外围长于内围；花萼直径5～6mm，萼片线形，顶尖；花冠橙红色至红色，完全反折，直径约6mm，高约4mm，浓香，中裂，表面被密长毛，背面无毛，边缘完全反卷；副花冠橙色，直径约4mm，高约1.5mm，半透明，拱状，外角钝，内角圆尖，顶尖细短，边缘在底部连合，无皱褶；子房短小，高约0.8mm。

🍎 狭卵状线形，密被褐黑色斑点。

受威胁状况评价

外来种，缺乏数据（DD）。

引种信息

华南植物园　20121985、20102804 市场购买。

深圳仙湖植物园　F0024510 泰国。

上海植物园　2010-4-0286 马来西亚。

昆明植物园　CN20161121 市场购买。

物候信息

勤花，温湿度合适时，全年可开。

华南植物园　生长势好，未见冻害；茎蔓生长旺盛；叶常年偏红；几全年有花，花量多；花寿命较长，约1周。

迁地栽培要点

喜阳，亦耐阴，需温室大棚内栽培，适应性强，盆栽或绑树桩攀爬。

扦插易成活，温度适宜时，生长速度快；空气干燥时，注意补湿。

植物应用评价

观叶形，可作为悬吊观赏。

栽培上，有一引种记录名为露莎球兰（*Hoya rosarioae*），与本种除了花色外，叶和花的形态差异不显著，本志书作为一个种处理。

123 甜香球兰

Hoya odorata Schltr., Philipp. J. Sci. 1(Suppl.): 303. 1906.

自然分布

菲律宾；常见栽培。

鉴别特征

附生灌木，辐射花冠白色，副花冠绿色。

迁地栽培形态特征

附生灌木状藤本，乳汁白色，植株无毛。

茎 基部茎粗壮，粗4~6mm；蔓生茎纤细，粗2~3mm；叶间隔长4~8cm；不定根稀缺。

叶 对生，绿色，新叶棕红色，狭长圆形至狭长圆状披针形，50~65mm×16~20mm，基部楔形，先端钝尖，尾尖细长，长达10~15mm；中脉在叶背凸起，侧脉羽状，隐约凸起；叶柄圆柱形，长10~15mm，纤细，具浅槽。

花 伞状花序，多年生，松散，着花3~5朵；花序梗长15~20mm，纤细，易脱落；花梗线形，长24~26mm，纤细，浅绿色；花冠白色，近钟形，直径22~24mm，浓香，深裂至基部，表面被毛，背面无毛，裂片边缘稍反卷；副花冠绿色，直径约8mm，裂片卵形，拱状，外角圆，向上反卷，顶尖向下反折，内角三角形，倚靠在合蕊柱上。

受威胁状况评价

外来种，缺乏数据（DD）。

引种信息

华南植物园　20102808　市场购买。
深圳仙湖植物园　F0024414　泰国。
上海辰山植物园　20120563　泰国。
昆明植物园　CN20161092　市场购买。

物候信息

勤花，温湿度合适时，全年可开。
华南植物园　生长良好，未见冻害；茎蔓生长旺盛，易发枝；常于11月至翌年3月间观测到花开，花量稀少；花寿命较长，约1周。
昆明植物园　花期11~12月。

迁地栽培要点

喜阳，亦耐阴，需温室大棚内栽培，适应性强，盆栽或绑树桩攀爬。

扦插易成活，温度适宜时，易发枝，生长势较弱；空气干燥时，注意补湿。

植物应用评价

大花型，可应用于藤架或墙（柱）攀爬。

124 卷边球兰

Hoya oreogena Kerr., Bull. Misc. Inform. Kew 1939: 461. 1939.
Hoya revolubilis Tsiang & P. T. Li. 1974.
Hoya salweenica Tsiang & P.T. Li. 1974.

自然分布

中国广西、云南和贵州，以及泰国、缅甸和印度等；未见栽培。

鉴别特征

与 *Hoya fungii* 相似，叶厚肉质，叶脉3～4对，白色辐射花冠稍反折，较小。

迁地栽培形态特征

附生大藤本，缺乳汁，植株除花梗外被毛。

茎 粗壮，粗3～8mm，红褐色至绿色，被毛；叶间隔长6～15cm；不定根发达。

叶 对生，大型，厚肉质，叶形变化大，倒卵状长圆形至倒卵长圆状披针形，或长圆形至长圆状披针形，10～18cm×4～5cm，基部宽楔形或圆形，先端圆或钝尖或披针状，尾尖极短，或较长；叶两面被毛，叶背毛更密集，具缘毛；中脉在叶背凸起，侧脉隐约可见，3～4对；叶柄圆柱形，10～20mm×4～6mm，扭曲，被毛。

花 伞状花序，多年生，球形，球径8～9cm，着花40余朵；花序梗较短，长5～30mm，被毛；花梗线形，34～36mm，无毛；花萼直径7～8mm，萼片线形，具腺毛；花冠白色至浅黄色，稍反卷，展开直径约15mm，浓香，深裂，表面被密长毛，背面无毛，边缘反卷；副花冠浅黄色，直径约8mm，高约4mm，裂片卵形，拱状，中脊隆起，外角钝尖，顶尖向上反卷，明显低于内角，内角圆尖，顶尖细短；子房高约2mm，光滑无毛。

受威胁状况评价

中国原生种，无危（LC）。

引种信息

华南植物园 20102853、20121360 市场购买；20140059 广西；20160712 贵州。
深圳仙湖植物园 F0024671 云南哀牢山。
昆明植物园 缺引种号 市场购买。
辰山植物园 20130402 泰国。

物候信息

华南植物园 生长良好，未见冻害；茎蔓生长旺盛；叶常年青绿，阳光下或昼夜温差大时，有时转红；引自广西的植株，每年都能观测到花开，花期10月至翌年2月，花寿命长，约10天；引自云南、贵州的植株，栽培多年，生长旺盛，但从未观测到花开；引自市场购买（可能是外来种）的植株，在华南植物园奇异室有观测到花，在苗圃，观测到花极其困难。

迁地栽培要点

较耐寒，喜阳，亦耐阴，适应性强，盆栽或墙（柱）攀爬。

扦插易成活，温度适宜时，生长速度快；空气干燥时，注意补湿。

植物应用评价

水汁型，适应性好，耐旱耐热，可应用于花墙、花柱攀爬。

Rodda 等（2021）把 *Hoya revolubilis* 和 *H. salweenica* 处理为 *H. oreogena* 的异名。中国植物园迁地保育有引自国外，引种名为 *H. oreogena*，和引自广西、云南、贵州等地，被鉴定为 *H. revolubilis* 的植株，而 *H. salweenica* 未见有收集。基于这些植物的活植株持续观察，其叶形和大小差异显著，缺乏花的形态差异证据，故本志书暂采纳 Rodda 的合并意见；同时，补充描写了本种缺乳汁、植株除花梗外被毛的分类学特征。

125 豆瓣球兰

Hoya pallilimba Kleijn & Donkelaar, Blumea 46: 479. 2001.

自然分布

苏拉威西岛；常见栽培。

鉴别特征

双裂片，贝壳状小卵叶，花序扁平，花粉色。

迁地栽培形态特征

附生小藤本，乳汁白色，植株被柔毛。

茎 纤细，粗2~5mm，被柔毛；叶间隔长1~10cm；不定根发达。

叶 对生，肉质，亮绿色，贝壳状卵形，40~55mm×25~32mm，基部圆至宽楔形，先端钝尖，尾尖很短；中脉在叶背凸起，侧脉不明显，具缘毛；叶柄粗短，3~10mm×2~3mm，圆柱形。

花 伞状花序，多年生，表面扁平，球径50~60mm，着花30余朵；花序梗纤细，40~120mm×1mm，橄榄灰色，被褐色斑点；花梗拱形，35~10mm，外围长于内围，无毛；花萼直径3~4mm，萼片卵状披针形；花冠粉色，完全反折，直径约5mm，高约4mm，浓香，深裂，表面被柔毛，背面无毛，裂片顶尖反卷；副花冠黄色，直径约5mm，高约2mm，下裂片明显从底部伸出；子房纤细，高约1.5mm。

受威胁状况评价

外来种，缺乏数据（DD）。

引种信息

华南植物园　20142429、20102816、20121986 市场购买。

深圳仙湖植物园　F0024392 泰国。

上海辰山植物园　20120582、20130395 泰国。

昆明植物园　CN20161097 市场购买。

物候信息

勤花，温湿度合适时，全年可开。

华南植物园　生长良好，未见冻害；茎蔓生长旺盛；几全年可观测到花开，花量较多；花寿命较长，约1周。

昆明植物园　花期4月。

迁地栽培要点

喜阳，亦耐阴，需温室大棚内栽培，适应性强，盆栽或绑树桩攀爬。

扦插易成活，温湿度适宜时，生长速度快；空气干燥时，注意补湿。

植物应用评价

双裂型,花小巧精致,观赏性好,可应用于悬吊观赏。

126 琴叶球兰

Hoya pandurata Tsiang, Sunyatsenia 4: 125. 1939.

自然分布
中国云南，以及缅甸、越南等；偶见栽培。

鉴别特征
与 *Hoya polyneura* 相似，叶琴状，叶脉不显。

迁地栽培形态特征
附生下垂灌木，乳汁白色，植株几无毛。

🌿 **茎** 粗壮，粗 3~6mm，黄绿色至土黄色；叶间隔长 4~9cm；不定根稀缺。

🌿 **叶** 对生，肉质，方状长圆形至琴状长圆形，6~11cm×1.5~2cm，基部圆，先端钝尖，中部常稍窄，具尾尖，长约 10mm；叶面常被白色斑纹，具缘毛；中脉在叶背凸起，侧脉不清晰；叶柄极短，长 2~4mm，纤细，绿色。

🌸 **花** 伞状花序，多年生，顶生和腋生，半球形，球径约 3cm，着花 9~12 朵；花序梗极短，长 2~5mm，易脱落；花梗线形，长 15~16mm，浅绿色；花萼浅黄色，直径 3~4mm，萼片卵状三角形；花冠橙黄色，完全反折，展开直径 10~11mm，高 5~6mm，深裂，表面被密毛，背面无毛，裂片边缘反卷；副花冠橙黄色，平展，直径约 4mm，高约 2mm，具红芯或无，裂片倒椭圆形，中凹，外角稍向上反折，顶尖圆，内角圆尖，顶尖细长，反折倚靠在合蕊柱上；子房浅绿色，高约 1mm。

🍎 **果** 未见。

受威胁状况评价
中国原生种，易危（VU）。

引种信息
华南植物园 20102856 市场购买；20160617 深圳仙湖植物园。
深圳仙湖植物园 F0024324 福建漳州；F0025496 云南哀牢山。
上海植物园 2013-4-0453 泰国。
昆明植物园 缺引种号 云南。
西双版纳热带植物园 1020020372 缅甸。
北京市植物园 20193011 市场购买。

物候信息
华南植物园（控温温室） 生长良好，未见冻害；花量较多，花期 8~12 月；花寿命长，长达 10 天左右。

迁地栽培要点

喜阳，亦耐阴，适应性强，盆栽或板植。

扦插易成活，空气干燥时，注意补湿。

植物应用评价

灌木型，易养护，可应用于盆栽和附生墙（柱）观赏。

127 狭琴叶球兰

Hoya pandurata subsp. *angustifolia* Rodda & K. Amstrong., Brittonia 71: 430. 2019.

自然分布

中国云南，以及缅甸；未见栽培。

鉴别特征

与原亚种的区别是叶狭长。

迁地栽培形态特征

附生藤本，乳汁白色，植株几无毛。

🌿 茎 粗壮，粗3～8mm，绿色至土黄色，被疏毛；叶间隔长4～9cm；不定根稀疏。

🍃 叶 对生，肉质，几无毛，长卵圆状披针形，6～10.5cm×1.4～2cm，基部圆，先端钝尖，中部常稍窄，先端明显窄于基部，尾尖细长；叶面常具白色斑点，具缘毛；中脉在叶背凸起，侧脉不清晰；叶柄短，长3～6mm，绿色，几无毛。

🌸 花 伞状花序，多年生，顶生和腋生，半球形，球径约3cm，着花约9朵；花序梗极短，长4～5mm，易脱落；花梗长约12mm，浅绿色，无毛；花冠黄色，完全反折，展开直径10～11mm，深裂，表面被密毛，背面无毛，裂片边缘反卷；副花冠平展，明黄色，直径约4mm，高约3mm，具红芯或无，裂片长圆形，中凹，外角稍向上反折，顶尖圆，内角圆尖，顶尖细长，反折倚靠在合蕊柱上；子房浅绿色，高约1mm。

受威胁状况评价

中国新记录种，自然分布狭窄，只在中缅边界的中山常绿林中发现有少量野生种群；生境脆弱，易受环境影响，或滥采而致危，建议调整至易危（VU）。

引种信息

华南植物园 20140055、20160876 云南。

物候信息

华南植物园 20140055（普通大棚），生长良好，只于2016年6月观测到花；20160876（控温温室），生长良好，开花较困难，只于2020年9月观测到花开；花寿命长，约10天。

迁地栽培要点

喜阳，亦耐阴，适应性较弱，盆栽或板植。

扦插易成活，空气干燥时，注意补湿。

根系明显弱于其原亚种琴叶球兰，对基质的湿度和透水性敏感，根系易发生病变或虫害。

植物应用评价

灌木型，可应用于盆栽和附生墙（柱）观赏。

中国新记录，本志书首次记录，中缅边界有零星分布，适应性和观赏性明显弱于原变种琴叶球兰。

128 矮球兰

Hoya parviflora Wight, Contr. Bot. India 37. 1834.

自然分布

缅甸、越南、斯里兰卡、马来西亚；常见栽培。

鉴别特征

双裂片，叶狭卵状披针形，常被白色斑纹，反折花冠白中带粉，极小。

迁地栽培形态特征

附生小灌木，乳汁白色，植株被短柔毛。

🟢**茎** 纤细，匍匐状，粗1~3mm，幼茎被短柔毛；叶间隔较密集，长2~8cm；不定根发达。

🟢**叶** 常2对对生叶簇生，肉质，绿色，窄卵状披针形，40~80mm×10~18mm，基部楔形，具长狭基，先端渐尖，尾尖细长；叶面常被白色斑点，具缘毛；中脉在叶背凸起，侧脉不清晰；叶柄比茎稍粗，长5~15mm。

🟢**花** 伞状花序，多年生，表面凹陷，直径约3mm，着花约30朵；花序梗长10~30mm；花梗拱状，长12~5mm，外围长于内围；花冠粉色，极小，完全反折，直径约3mm，高约2mm，表面被长毛，背面无毛，裂片顶尖反折；副花冠双裂片，白色，直径约2mm，高约1mm，半透明；子房小，高约0.5mm。

受威胁状况评价

外来种，易危（VU）。

引种信息

华南植物园 20102815 市场购买。

深圳仙湖植物园 F0024630 福建漳州。

物候信息

勤花，温湿度合适时，全年可开。

华南植物园 生长良好，未见冻害；茎蔓生长旺盛，易分枝；几全年可观测到花开，花量稀少；花寿命较长，约1周。

迁地栽培要点

喜阳，亦耐阴，需温室大棚内栽培，适应性强，盆栽或绑树桩攀爬。

扦插易成活，温度适宜时，生长速度快；空气干燥时，注意补湿。

植物应用评价

观叶型，可应用于垂吊和附生墙（柱）观赏。

129 碗花球兰

Hoya patella Schltr., Bot. Jahrb. Syst. 50: 132. 1913.

自然分布

新几内亚；常见栽培。

鉴别特征

碗状大花冠，紫色，单花。

迁地栽培形态特征

附生小藤本，乳汁白色，植株被毛。

茎 纤细，粗1~3mm，灰绿色，老茎灰白色，被毛；叶间隔长2~10cm；不定根稀疏，短。

叶 对生，绿色，肉质，卵状披针形至长圆状披针形，5~8cm×2~3cm，基部心形，先端钝尖；叶两面被毛；中脉在叶背凸起，侧脉羽状，隐约可见；叶柄圆柱形，长5~10mm，被毛。

花 伞状花序，多年生，着花仅1朵；花序梗长5~25mm，被毛；花梗线形，长约30mm，无毛；花萼直径5~6mm，萼片披针形，长约2mm，被毛；花冠钟形，紫色，直径约50mm，高20~25mm，浅裂，表面被柔毛，背面无毛，裂片顶尖反卷；副花冠深红色，直径约10mm，高约4mm，裂片卵状长圆形，拱状，外角圆，明显高于内角，内角三角形，倚靠在合蕊柱上；子房柱形，高约2mm。

受威胁状况评价

外来种，缺乏数据（DD）。

引种信息

华南植物园　20121301　市场购买。

深圳仙湖植物园　F0024358　泰国。

上海辰山植物园　20120570　泰国。

西双版纳热带植物园　0020181595　广州中医药大学。

北京市植物园　20193028　市场购买。

昆明植物园　CN20161104　市场购买。

物候信息

勤花，温湿度合适时，全年可开。

华南植物园　生长良好，若遇冷冬，有轻微冻害。如2016年初春，1月24日极端温度达到0℃以下，且10℃以下低温持续10天以上，观测到严重冻害，即冻伤从根部开始，之后枝条变干后死亡。花序刚开始萌芽时，常有2朵，稀3朵花蕾同时萌发，但只有1朵花继续发育，另一朵花蕾缓慢生长，当第一朵花落时，第二朵花蕾快速发育；从花序开始萌发至花开，需40~45天；花寿命较长，约5天。

迁地栽培要点

较不耐寒，需温室大棚内栽培，冬季需防冻，适应性强，盆栽或绑树桩攀爬。

扦插易成活，温度适宜时，生长速度快；空气干燥时，注意补湿。

植物应用评价

大花型，花大靓丽，观赏性好，可应用于悬吊观赏。

花蕾萌发时，常2~3个花蕾同时萌发，通常只有一个花蕾快速发育

130 帕斯球兰

Hoya paziae Kloppenb., Fraterna 1(3), Philipp. Hoya Sp. Suppl.: VI. 1990.

自然分布

菲律宾；常见栽培。

鉴别特征

与 *Hoya odorata* 相似，副花冠咖啡色。

迁地栽培形态特征

附生灌木状藤本，乳汁白色，植株无毛。

🌿 茎 基部茎粗壮，粗 4~6mm，褐色至绿色，无毛；蔓生茎纤细，粗 2~3mm，叶间隔稀疏，长 8~12cm；不定根稀缺。

🌿 叶 对生，绿色，无毛，卵形至卵状披针形，6~8cm×2.5~3.2cm，基部圆形，先端钝尖，尾尖细长；叶面具光泽；中脉在叶背凸起，侧脉隐约可见；叶柄圆柱形，长 10~15mm，具浅槽。

🌿 花 伞状花序，多年生，着花 2~8 朵；花序梗纤细，长 15~50mm，红褐色至绿色，易脱落；花梗线形，长 22~24mm；花萼直径约 6mm，萼片狭卵状披针形，具缘毛；花冠白色，近钟状，直径 24~25mm，浓香，深裂至近基部，表面被毛，背面无毛，裂片稍反卷；副花冠咖啡色，直径 6~7mm，高约 3mm，裂片卵形，拱状，上表面内侧卵状凹陷，外角圆，顶尖向下反卷，几等高于内角，内角顶尖长约 1.5mm，细长，反折倚靠在合蕊柱上；子房圆锥形，高约 2mm。

🌿 果 未见。

受威胁状况评价

外来种，缺乏数据（DD）。

引种信息

华南植物园　20102812　市场购买。
深圳仙湖植物园　F0024443　泰国；F0024309　福建漳州。
上海植物园　2010-4-0291　马来西亚。
北京市植物园　20193032　市场购买。
昆明植物园　CN20161107　市场购买。

物候信息

勤花，温湿度合适时，全年可开。
华南植物园　生长良好，未见冻害；茎蔓生长旺盛，易发枝；几全年可观测到花开，花量稀少；花寿命长，约 8 天。

迁地栽培要点

喜阳，亦耐阴，需温室大棚内栽培，适应性强，盆栽或绑树桩攀爬。

扦插易成活，温度适宜时，生长速度快；空气干燥时，注意补湿。

植物应用评价

大花型，可应用于藤架或墙（柱）攀爬。

131
秋水仙

Hoya persicina Kloppenb., Siar, Guevarra, Carandang & G. Mend., J. Nat. Stud, 11(1-2): 42. 2013.

自然分布

菲律宾；常见栽培。

鉴别特征

与 *Hoya verticillata* 相似，着花数明显较少，反折花冠明黄色。

迁地栽培形态特征

附生缠绕小藤本，乳汁白色，植株无毛。

茎 纤细，粗2~4mm，绿色；叶间隔长3~8cm；不定根发达。

叶 对生，绿色，椭圆形至倒椭圆形，8~10cm×4~5cm，基部宽楔形至圆形，具短狭基，先端圆尖，尾尖细短；基出脉，1~2对，浅绿色；叶柄圆柱形，10~20mm×2~3mm，扭曲。

花 伞状花序，多年生，伞状，球径30~35mm，着花10余朵；花序梗纤细，20~60mm×1~2mm，绿色；花梗线形，长18~20mm；花萼直径4~5mm，裂片卵形；花冠黄色，完全反折，展开直径10~11mm，深裂，表面被短柔毛，背面无毛，裂片边缘反卷；副花冠白色，直径约6mm，稍透明，卵状披针形，斜立，中陷，外角锐尖，稍高于内角，顶尖向后反卷，内角圆尖，顶尖细短；子房高约1.5mm。

受威胁状况评价

外来种，缺乏数据（DD）。

引种信息

华南植物园　20111774 市场购买。

深圳仙湖植物园　F0024366 泰国；F0024649 上海辰山植物园。

上海植物园　2010-4-0282 马来西亚。

上海辰山植物园　20120560 泰国。

昆明植物园　缺引种号 市场购买。

物候信息

勤花，温湿度合适时，全年可开。

华南植物园　生长良好，未见冻害；茎蔓生长旺盛；阳光下或昼夜温差大时，叶常转红；几全年可观测到花，花量较少；花寿命较短，2~3天。

迁地栽培要点

喜阳，亦耐阴，需温室大棚内栽培，适应性强，盆栽或绑树桩攀爬。

扦插易成活，温度适宜时，生长速度快；空气干燥时，注意补湿。

植物应用评价

球花型，可应用于悬吊观赏或墙柱攀爬。

本种的引种拉丁名为 *Hoya nicholsoniae*。*H. nicholsoniae* 原产于澳大利亚，未见栽培。

132 皮氏球兰

Hoya pimenteliana Kloppenb., Fraterna 12(3): 7. 1999.

自然分布

菲律宾吕宋岛；常见栽培。

鉴别特征

小长圆形叶，反折花冠白色，被柔毛，副花冠直立。

迁地栽培形态特征

附生小藤本，乳汁白色，植株无毛。

茎 粗2~4mm，绿色；叶间隔长4~12cm；不定根稀缺。

叶 对生，绿色，肉质，长圆形，6~10cm×2.5~3cm，基部圆形或宽楔形，先端急尖，尾尖细短；叶脉不清晰；叶柄圆柱形，长5~12mm，扭曲，绿色。

花 伞状花序，多年生，伞形，球径约50mm，着花10~30朵；花序梗绿色，30~60mm×2~3mm，无毛；花梗线形，19~20mm；花萼直径约5mm，萼片线形，绿色；花冠白色，完全反折，高4~5mm，展开直径约16mm，浓香，深裂，表面被柔毛，背面无毛，裂片两侧边缘反卷；副花冠乳白色，直径约7mm，高约4mm，裂片狭卵状长圆形，斜立，上表面内侧狭卵状凹陷，外角狭圆形，明显高于内角，内角顶尖细短，倚靠在合蕊柱上；子房锥形，高约1.2mm。

受威胁状况评价

外来种，缺乏数据（DD）。

引种信息

华南植物园　20114479　市场购买。

深圳仙湖植物园　F0024343　福建漳州。

上海辰山植物园　20120483　泰国。

物候信息

勤花，温湿度合适时，全年可开。

华南植物园　生长良好，未见冻害；茎蔓生长旺盛；几全年可开；花寿命较长，约1周。

迁地栽培要点

较喜阳，亦耐阴，需温室大棚内栽培，适应性强，盆栽或墙（柱）攀爬。

扦插易成活，温度适宜时，生长速度快；空气干燥时，注意补湿。

植物应用评价

球花型,可应用于藤架或墙(柱)攀爬植物推广或垂吊观赏植物。

本种的引种拉丁名为 *Hoya cagayanensis*,这两种花非常相似,但叶不同,*H. cagayanensis* 的叶更宽,常扭曲,基部近心形,国内未见有引种栽培。

133 皱褶球兰

Hoya plicata King & Gamble, J. Asiat. Soc. Bengal, Pt. 2, Nat. Hist. 74(2): 578. 1908.

自然分布

马来半岛；常见栽培。

鉴别特征

双裂片，反折花冠黄色，副花冠上裂片卵状披针形，内角顶尖细长。

迁地栽培形态特征

附生缠绕藤本，乳汁白色，植株被疏毛。

🟢 **茎** 粗1~3mm，酒红色至绿色，被疏毛；叶间隔长3~5cm；不定根发达。

🟢 **叶** 对生，绿色，狭卵状披针形，60~70mm×16~20mm，基部楔形，具长狭基部，先端渐尖，尾尖短；叶面较暗，粗糙；中脉在叶背凸起，侧脉在叶两面不清晰；叶柄较短，长5~10mm，绿色，被疏毛。

🟢 **花** 假伞形花序，表面扁平，紧凑，球径约50mm，着花20余朵；花序梗粗壮，50~100mm×3~4mm；花梗拱形，20~5mm，绿色，常被红点，外围长于内围，无毛；花冠明黄色，完全反折，常被红斑，直径约6mm，高约6mm，表面被长柔毛，背面无毛，裂片顶尖反折；副花冠双裂片，直径约7mm，高约4mm，伞状凸起，白色，不透明，边缘密被红色斑点；子房纤细，高约1.5mm。

受威胁状况评价

外来种，缺乏数据（DD）。

引种信息

华南植物园 20121356 市场购买。

物候信息

勤花，温湿度合适时，全年可开。

华南植物园 生长良好，未见冻害；蔓茎生长旺盛；叶常年青绿；几全年可观测到花，花量较多；花寿命较长，约1周。

迁地栽培要点

喜阳，亦耐阴，需温室大棚内栽培，适应性强，盆栽或绑树桩攀爬。

扦插易成活，温度适宜时，生长速度快；空气干燥时，注意补湿。

植物应用评价

双裂片，观赏性好，可应用于悬吊观赏。

叶
叶
下垂花序
花序侧面
植株
花
花序背面：花序梗、花梗无毛

134 多脉球兰

Hoya polyneura Hook. f., Fl. Brit. India 4: 54. 1883.

自然分布

中国云南、西藏南部，以及缅甸、印度等；常见栽培。

鉴别特征

灌木，叶脉明显，密集，反折花冠黄色至橙红色。

迁地栽培形态特征

附生灌木，乳汁白色，植株无毛。

茎 粗壮，粗3~6mm，绿色，无毛；叶间隔密集，长2~5cm；不定根稀缺。

叶 对生，绿色，无毛，叶形变化大，卵状披针形至卵圆状披针形，长斜方形或菱状披针形，8~12cm×3~5.5cm，基部宽楔形或圆形，或心形，先端渐尖或急尖，尾尖细长，或相对较短；中脉在叶背凸起，侧脉明显，多而密集；叶柄极短，长1~3mm。

花 伞状花序，多年生，顶生和腋生，半球形，球径约6cm，着花9~13朵；花序梗短，通常短于5mm，绿色，易脱落；花梗线形，长约3cm，淡绿色；花萼直径约6mm，萼片卵状披针形，浅绿色，无毛；花冠黄色，或被紫红色斑点，完全反折，高约10mm，展开直径约12mm，深裂，表面被短柔毛，背面无毛，裂片边缘反卷；副花冠浅紫红色至深红色，直径6~7mm，高约3mm，裂片近圆形，平展，表面内侧稍凹，外角圆，顶尖边缘明显向上抬高，内角圆尖，顶尖线形；子房卵形，高约2mm。

果 未见。

受威胁状况评价

中国原生种，未评价；喜马拉雅山特有种，易受环境影响，或滥采而致危，建议调整至易危（VU）。

引种信息

华南植物园 20121289 市场购买；20160875 云南德宏；20200049 西藏墨脱。

深圳仙湖植物园 F0024659 云南。

上海辰山植物园 20120572 泰国。

昆明植物园 缺引种号 云南。

北京市植物园 20193036 市场购买。

物候信息

华南植物园 不同来源的植株适应性差异显著：引自墨脱的植株适应性良好，生长旺盛，易开花，花量较多；引自云南德宏地区的植株适应性最差，生长较弱，栽培多年，未见开花；国外来源的植株生长较好，有观测到花开；花期8月至翌年1月；花寿命较长，10~15天。

迁地栽培要点

喜阳，亦耐阴，适应性强，盆栽或板植。

扦插易成活，温度适宜时，生长速度快；空气干燥时，注意补湿。

对基质的湿度和透水性敏感，根系易发生病变或虫害。

植物应用评价

观叶型，可应用于盆栽和附生墙（柱）观赏。

本种为广布种，种间多样性丰富。除叶形变化外，花色特别丰富，花冠从黄色至紫红色，副花冠从浅红至深红。观察华南植物园引自国外、云南及墨脱的3种植株，适应性和观赏性最佳的为引自墨脱（20200049），株形好，生长快速，年初扦插栽植即可当年秋季开花，且色调纯正，花冠（黄）与副花冠（深红）搭配观赏性佳；而适应性最差的引自云南德宏（20160875），生长较弱，栽培多年，未见开花。

引自墨脱

国外来源　　　　　　　　　　云南

135
猴王球兰

Hoya praetorii Miq., Fl. Ned. Ind. 2. 526. 1857.

自然分布

苏门答腊；常见栽培。

鉴别特征

花型奇特，花冠橘红色，冠内表面除裂片先端外，被白色长毛。

迁地栽培形态特征

附生灌木，乳汁白色，植株无毛。

🌿 茎 粗壮，粗5~10mm，长80~120cm，黄绿色至淡绿色，分枝少；叶间隔长2~8cm；不定根稀缺。

🍃 叶 对生，肉质，较薄，长圆形至椭圆形，9~16cm×4.5~6cm，基部楔形至宽楔形，先端钝尖，尾尖细长；中脉在叶背凸起，侧脉羽状，4~5对；叶柄圆柱形，长1~2cm，具浅槽。

🌸 花 伞状花序，多年生，伞形，松散，着花10余朵；花序梗长3~6cm，无毛，易脱落；花梗线形，长50~53mm，下垂；萼片长卵形，约4mm×2mm，龙骨状，钝头；花冠橘黄色，完全反折，高约16mm，深裂，表面除裂片顶尖无毛外被白色长毛，背面无毛，裂片两侧反卷；副花冠浅紫色，直立，直径约10mm，裂片外角向上反折，与内角形成一直角，上表面狭窄，内角顶尖细长，三角柱形；子房钝头，3.5mm×1mm。

受威胁状况评价

外来种，缺乏数据（DD）。

引种信息

华南植物园 20102822 市场购买。

深圳仙湖植物园 F0024457 泰国。

上海植物园 2010-4-0293 马来西亚。

上海辰山植物园 20120573、20130393 泰国。

北京市植物园 20193037 市场购买。

物候信息

勤花，温湿度合适时，全年可开。

华南植物园 生长良好，未见冻害；茎生长缓慢，分枝少；几全年可开，花量较多；花寿命较长，约10天。

迁地栽培要点

喜阳，耐阴，需温室大棚内栽培，适应性强，盆栽或板植。

扦插易成活；空气干燥时，注意补湿。

植物应用评价

灌木型，茎粗壮，可应用于地栽、盆栽和附生墙（柱）观赏。

303

136 柔毛球兰

Hoya pubera Bl., Bijdr. Fl. Ned. Ind. 16: 1065. 1827.

自然分布

爪哇；常见栽培。

鉴别特征

双裂片，小卵叶，反折花冠极小，黄色。

迁地栽培形态特征

附生小藤本，乳汁白色，植株被柔毛。

🌿 茎 匍匐状，纤细，粗1~3mm，被柔毛；叶间隔较为密集，长2~5cm；不定根发达。

🍃 叶 对生，小，厚肉质，常呈贝壳状，叶形多变，卵形至狭卵形，或近圆形至长圆形，11~25mm×9~15mm，基部圆形，或楔形至宽楔形，常具短狭基，先端圆或钝尖，尾尖极短；叶面被疏柔毛，具缘毛；中脉和侧脉不清晰；叶柄短，长2~5mm，纤细，被柔毛。

🌸 花 假伞形花序，多年生，表面扁平，紧凑，球径20~25mm，着花12~18朵；花序梗纤细，长6~8cm，被柔毛；花梗拱状，长12~4mm，外围长于内围，浅绿色，无毛；花萼直径约2mm，萼片线形；花冠明黄色，极小，完全反折，展开直径约5mm，表面被柔毛，背面无毛，裂片顶尖反卷；副花冠黄色，直径约3mm，具红芯，下裂片明显从底部伸出；子房小，高约0.5mm。

受威胁状况评价

外来种，缺乏数据（DD）。

引种信息

华南植物园 20114509、20121355 市场购买。

深圳仙湖植物园 F0024548 泰国。

上海辰山植物园 20120575 泰国。

物候信息

勤花，温湿度合适时，全年可开。

华南植物园 生长良好，冻害轻微；茎蔓生长较弱；叶常年青绿；几全年可开观测到花开，花量稀少；花寿命较长，约1周。

迁地栽培要点

不耐寒，耐阴，需温室大棚内栽培，适应性强，盆栽或绑树桩攀爬。

扦插易成活，温湿度适宜时，生长速度快；空气干燥时，注意补湿。

植物应用评价

双裂型，花和叶小巧精致，可应用于悬吊观赏。

305

137 毛萼球兰

Hoya pubicalyx Merr., Philipp. J. Sci., 13: 331. 1918.

自然分布
菲律宾群岛；常见栽培。

鉴别特征
与 Hoya carnosa 相似，花为酒红色至深红色。

迁地栽培形态特征
附生藤本，缺乳汁，植株被毛至无毛。

🌿 **茎** 粗2~6mm，红褐色至橄榄绿色，被毛至光滑无毛；叶间隔长5~15cm；不定根发达。

🌿 **叶** 对生，肉质，叶型多变，狭卵长圆状披针形至长圆形，或狭倒卵状披针形，7~14cm×2.5~4cm，基部楔形至圆形，常具短狭基，先端钝尖或渐尖，尾尖细长或短，长5~20mm；叶面具光泽或无，常被白色斑纹，具缘毛；中脉在叶背凸起，侧脉羽状，5~7对，隐约可见；叶柄圆柱形，20~50mm×3~4mm，扭曲，被毛至光滑无毛。

🌸 **花** 伞状花序，多年生，球形，球径6~10cm，着花30~40朵；花序梗长2~10cm，被毛或光滑无毛；花梗线形，长30~45mm，浅红至深红色，被疏毛或光滑无毛；花萼直径8~10mm，被毛至无毛，萼片长三角形，顶尖；花冠酒红至红黑色，直径19~25mm，扁平，中裂，表面被密长毛，背面无毛，边缘反卷；副花冠浅红至深红色，扁平，直径11~12mm；裂片卵状披针形，外角锐尖，内角圆，顶尖短；子房高约1.5mm，被疏毛或无毛。

受威胁状况评价
外来种，缺乏数据（DD）。

引种信息
华南植物园 20111773、20102823、20102842、20111758 市场购买。
深圳仙湖植物园 F0024438、F0024365、F0024405 泰国。
上海植物园 2010-4-0295、2010-4-0296 马来西亚。
昆明植物园 CN20161113 市场购买。
厦门市园林植物园 缺引种号 市场购买。

物候信息
勤花，温湿度合适时，全年可开。
华南植物园 生长良好，未见冻害；茎蔓生长旺盛；几全年开观测到花开，花量多；花寿命较长，约10天。

迁地栽培要点

喜阳，亦耐阴，需温室大棚内栽培，适应性强，盆栽或墙（柱）攀爬。

扦插易成活，温度适宜时，生长速度快；空气干燥时，注意补湿。

植物应用评价

球花型，色彩丰富，可应用于藤架或墙（柱）攀爬。

本种是一争议种，Kloppenburg等基于叶和花形态的显著差异，于2013年发表了一个新种 *Hoya pubicorolla* 和一个亚种 *H. pubicorolla* subsp. *anthracina*，但Kloppenburg等的观点并没有被主流分类学家所接受，他们认为这些形态差异仅是种间变异，为不同的生态类群。中国植物园有迁地保育这些植物，引种名分别记录为 *H. pubicalyx*、*H. pubicalyx* 'Bright One'、*H. pubicalyx* 'Red Button'、*H. pubicalyx* 'Silver Pink' 等。从迁地保育的植株观察，这些植物只有 *H. pubicalyx* 'Bright One' 的植株被密毛，子房被疏毛；而其他的植株通常光滑无毛，或仅幼枝被疏毛，子房光滑无毛；同时，叶和花的形态亦有明显差异。基于这些植物在国内常见栽培，本志书搁置争议，暂不作分类学处理。

引种名：*Hoya pubicalyx* 'Bright One'

引种名：*Hoya pubicalyx* 'Red Button'   引种名：*Hoya pubicalyx* 'Silver Pink'

138 紫花球兰

Hoya purpureo-fusca Hook., Bot. Mag. t. 4520. 1850.

自然分布

爪哇；常见栽培。

鉴别特征

与 *Hoya cinnamomifolia* 相似，叶深绿色，花紫色。

迁地栽培形态特征

附生缠绕藤本，乳汁白色，植株无毛。

茎 粗糙，粗4~8mm，绿色；叶间隔长9~16cm；不定根发达。

叶 大型，对生，深绿，卵状长圆形至长圆形，10~16cm×7~8cm，基部圆或近心形，先端钝尖，尾尖细长，长10~15mm；叶两侧常向上卷使叶片有点扭曲；基出三脉，浅绿色；叶柄圆柱形，15~25mm×5~6mm，粗壮，无毛。

花 伞状花序，多年生，球形，紧凑，球径70~80mm，着花40~60朵；花序梗较短，40~80mm×3~4mm；花梗线形，长30mm，浅紫色；花萼直径约6mm，长三角形；花冠紫色，完全反折，高约8mm，展开直径约20mm，深裂，表面被短柔毛，背面无毛，边缘反卷；副花冠扁平，深紫色，直径约9mm，高约3mm，裂片卵形，外角钝尖，内角顶尖细短；子房高约2.5mm，钝头。

受威胁状况评价

外来种，缺乏数据（DD）。

引种信息

华南植物园　20114498　市场购买。

深圳仙湖植物园　F0024546　泰国。

上海辰山植物园　20120577　泰国。

物候信息

勤花，温湿度合适时，全年可开。

华南植物园　生长良好，未见冻害；茎蔓生长旺盛；叶常年青绿；几全年可观测到花开，花量较多；花寿命较短，3~4天。

迁地栽培要点

喜阳，亦耐阴，需温室大棚内栽培，适应性强，盆栽或绑树桩攀爬。

扦插易成活，温度适宜时，生长速度快；空气干燥时，注意补湿。

植物应用评价

艳花型,花大艳丽,观赏性好,可应用于藤架或墙(柱)攀爬。

139 微花球兰

Hoya pusilla Rintz, Malayan Nat. J. 30(3-4): 492. 1978.

自然分布

马来西亚；常见栽培。

鉴别特征

与 *Hoya krohniana* 相似，叶明显较大，卵形，花偏大，白中带粉。

迁地栽培形态特征

附生小藤本，乳汁白色，植株无毛。

茎 匍匐状缠绕，粗2.5~4mm，绿色，无毛；叶间隔长3~8cm；不定根发达。

叶 对生，绿色，肉质，卵形或卵状长圆形，4~9cm×2.5~4cm，基部楔形至宽楔形，常具短狭基，先端急尖，尾尖细长；叶面革质，具光泽，常被白色斑纹；中脉在叶面凸起，侧脉隐约可见，4~5对；叶柄圆柱形，5~10mm×3~4mm，较短，绿色。

花 伞状花序，多年生，表面扁平稍凹，紧凑，球径3~4cm，着花10余朵；花序梗绿色，30~60mm×2~3mm，无毛；花梗拱状，长16~6mm，外围长于内围；花萼直径2~3mm，宽卵形；花冠白色，完全反折，高约3mm，展开直径约7mm，具红芯，深裂，表面被柔毛，背面无毛，裂片边缘反卷，形成一高约1.5mm的圆环；副花冠黄色，扁平，直径约3.5mm，裂片卵形，中凹，外角圆，内角钝尖，顶尖细短，边缘在底部连合，无皱褶；子房锥状，高约0.8mm，小。

受威胁状况评价

外来种，缺乏数据（DD）。

引种信息

华南植物园　20122140 市场购买。

物候信息

勤花，温湿度合适时，全年可开。

华南植物园　生长良好，未见冻害；生长旺盛；叶常年青绿；几全年可观测到花开，花量较多；花寿命较长，约1周。

迁地栽培要点

喜阳，亦耐阴，需温室大棚内栽培，适应性强，盆栽或绑树桩攀爬。

扦插易成活，温度适宜时，生长速度快；空气干燥时，注意补湿。

植物应用评价

观叶型，可应用于悬吊观赏。

140 梨叶球兰

Hoya pyrifolia E. F. Huang, PhytoKeys 174: 101, figs. 3-4. 2021.

自然分布

云南特有种；未见栽培。

鉴别特征

与 *Hoya chinghungensis* 相似，叶梨形，着花约4朵。

迁地栽培形态特征

附生下垂灌木，乳汁白色，植株被毛。

茎 枝较软，下垂，粗2~4mm，长约60cm，绿色，被毛；叶间隔密集，长8~10mm；不定根稀缺。

叶 对生，肉质，梨形，8~10mm×6~7mm，基部钝或圆形，明显宽于先端，先端圆尖，尾尖针状，极短；叶两面被毛，叶面较粗糙，叶缘常反卷；叶脉不清晰；叶柄极短，长2~3mm，纤细。

花 伞状花序，一年生，顶生和腋生，表面凹陷，着花约4朵；花序梗短，长8~10mm，被毛；花梗长1cm，被毛；萼片线形，长约4mm；花冠白色，平展，直径15~17mm，中裂，表面被短柔毛，背面无毛，裂片边缘稍反折；副花冠直径约6mm，紫红色，半透明，裂片近椭圆形，外角明显高于内角，内角稍宽于外角，中部稍凹陷。

受威胁状况评价

中国原生种，未评价；易受环境影响，或滥采而致危，建议调整至极危（CR）。

引种信息

华南植物园　20191640 云南腾冲；20190622 花友赠送。

物候信息

华南植物园（控温温室）　枝叶生长良好，2020年5~7月，观测到多个花序萌发，花蕾萌发期停止生长，后脱落，未观测到花开。

迁地栽培要点

较耐寒，喜阳，亦耐阴，适应性较差，板植。

扦插易成活，生长较慢；空气干燥时，注意补湿。

对基质的湿度和透水性敏感，根系易发生病变或虫害。

植物应用评价

暂未驯化成功。

拍摄于云南龙陵

花序萌发后,花蕾停止生长,后脱落

拍摄于云南龙陵

141
奎氏球兰

Hoya quisumbingii Kloppenb., Fraterna 1992(4): t.III. 1992.

自然分布

菲律宾群岛；常见栽培。

鉴别特征

与 *Hoya wayetii* 相似，叶稍宽，副花冠裂片更狭窄。

迁地栽培形态特征

附生小藤本，乳汁白色，植株无毛。

茎 纤细，粗2~4mm，绿色，无毛；叶间隔较密集，长3~5cm；不定根发达。

叶 对生，肉质，绿色，长圆形至长圆状两端披针形，50~100mm×19~25mm，基部楔形至宽楔形，具长狭基，先端钝尖，尾尖细短；叶面具光泽，叶缘常增厚，黑色；中脉在叶背凸起，侧脉不清晰；叶柄纤细，长10~15mm，酒红色至绿色，无毛。

花 假伞形花序，多年生，表面扁平，紧凑，球径45~50mm，着花20余朵；花序梗纤细，长3~6cm，绿色；花梗拱状，长30~8mm，外围长于内围，无毛；花萼直径3~4mm，萼片线形；花冠深红色，完全反折，高约6mm，展开直径约11mm，中裂，表面被柔毛，背面无毛，裂片顶尖反卷；副花冠双裂片，黄色，直径约5mm，高约3mm，具红芯，下裂片明显伸出；子房纤细，高约1mm。

受威胁状况评价

外来种，缺乏数据（DD）。

引种信息

华南植物园 20142586 市场购买。
昆明植物园 CN20161118 市场购买。

物候信息

勤花，温湿度合适时，全年可开。
华南植物园 生长良好，未见冻害；茎蔓生长旺盛；阳光下或昼夜温差大时，叶常转红；几全年可观测到花开，花量多；花寿命较长，5~6天。

迁地栽培要点

喜阳，亦耐阴，需温室大棚内栽培，适应性强，盆栽或绑树桩攀爬。
扦插易成活，温湿度适宜时，生长速度快；空气干燥时，注意补湿。

植物应用评价

双裂型，可应用于悬吊观赏。

142 匙叶球兰

Hoya radicalis Tsiang & P. T. Li, Acta Phytotax. Sin. 12: 120. 1974.

自然分布

广东、广西；未见栽培。

鉴别特征

与 *Hoya griffithii* 相似，花乳黄色，偏小，合蕊柱顶尖明显高于裂片外角，副花冠内角厚度约是后者的一半。

迁地栽培形态特征

附生缠绕藤本，乳汁白色，植株无毛。

🌱 粗壮，粗4~10mm，酒红色至绿色；叶间隔长10~18cm；不定根偶见。

🍃 对生，绿色，厚肉质，倒卵状披针形至倒椭圆状披针形，8~16cm×3~4cm，基部楔形，先端钝尖，尾尖短；中脉在叶背凸起，侧脉不清晰；叶柄圆柱形，20~30mm×4~6mm，具浅槽，扭曲。

🌸 伞状花序，多年生，球形，着花6~9朵；花序梗粗壮，20~40mm×4~5mm；花梗粗，30~32mm×2mm；花萼直径10~12mm，龙骨状，顶尖钝尖，具缘毛；花冠乳黄色，直径32~35mm，厚肉质，辐射状展开，深裂，表面被短柔毛，背面无毛，裂片两侧稍向背面反折；副花冠平展，直径约12mm，高约7mm，合蕊柱顶尖明显高于裂片外角，裂片厚肉质，内角厚约3mm，外角厚约2.5mm，顶尖长约3mm，上表面边缘抬升约1mm，靠近内角侧延伸一对细钩；子房高约3mm，顶钝头。

受威胁状况评价

中国原生种，无危（LC）。

引种信息

华南植物园 20140057 广西。

物候信息

华南植物园 自2014年引种，直至2019年8月29日，首次观测到花开，花量较多，花期9~11月；花寿命长，可达10天。

迁地栽培要点

喜阳，适应性强，盆栽或绑树桩攀爬。

扦插易成活，温度适宜时，生长速度快；空气干燥时，注意补湿。

植物应用评价

大花型，可应用于藤架或墙（柱）攀爬。

FOC对本种的花描述语焉不详,《植物分类学报》(1974)记录本种为荷秋藤(*Hoya griffithii*)一近缘种,其模式馆藏于BISC,编者只查阅到叶片。基于其叶片形态及荷秋藤的近缘,编者认为分布于广西、广东西部石灰岩地区的一种被鉴定为荷秋藤的,即为本种;同时,编者曾在文献中发现本种在越南等地被鉴定为 *H. griffithii*(Averyanov et al,2017),基于华南植物园迁地保育的植株的持续观测,亦未查阅到相关的合并文献,故本志书保留FOC的记录。

143 断叶球兰

Hoya retusa Dalzell., Kew Jour. Bot. 4: 294. 1852.

自然分布

喜马拉雅山；常见栽培。

鉴别特征

叶线形，先端凹缺，白色辐射花冠白色，单生。

迁地栽培形态特征

附生小藤本，乳汁白色，植株被疏毛。

茎 纤细，粗1~2mm，绿色，被疏毛；叶常2~3对簇生，每组间隔长1~6cm；不定根发达，短。

叶 对生，绿色，肉质，线状长方形，5~10cm×2~3mm，基部近圆柱状，先端扁平，顶端常凹缺；叶幼时被疏毛，具缘毛；中脉在叶背凸起，侧脉不清晰；叶柄极短，长1~3mm，被疏毛。

花 伞状花序，多年生，着花仅1朵；花序梗短，长1~15mm，被疏毛；花梗线形，长约35mm，无毛；萼片卵状披针形，3~4mm×1.5~2mm，顶钝尖，具缘毛；花冠白色，近钟状，直径约25mm，浓香，中裂，表面被密长毛，背面无毛，裂片边缘稍反卷；副花冠深红色，直径约9mm，裂片卵状长圆形，弯曲，表面沿边缘向内凹陷，外角圆，明显向上反折，内角顶尖细长；子房柱形，高约2mm。

受威胁状况评价

外来种，缺乏数据（DD）。

引种信息

华南植物园　20102827　市场购买。

深圳仙湖植物园　F0024315　福建漳州。

上海植物园　2010-4-0298　马来西亚。

上海辰山植物园　20122990　浙江。

昆明植物园　CN20161119　市场购买。

物候信息

华南植物园　生长良好，未见冻害；茎蔓生长旺盛；叶常年青绿，开花困难，栽培多年，只于2015年观测到花开，花序刚开始萌芽时，常有2~3朵花蕾同时萌发，其中1朵发育快速，其余发育缓慢，直至第一朵花谢时，较大花蕾发育加快；寿命较长，约1周。

昆明植物园　花期8~9月。

迁地栽培要点

较耐寒，喜阳，亦耐阴，适应性强，盆栽或绑树桩攀爬。

扦插易成活，温度适宜时，生长速度快；空气干燥时，注意补湿。

植物应用评价

观叶型，可应用于藤架或墙（柱）攀爬。

华南植物园植株　　昆明植物园植株

附生的藤蔓　　叶　　花蕾，茎、叶柄、花序梗等被疏毛

单花花序　　近钟形花冠　　花的正反两面

144 反卷球兰

Hoya revoluta Wight & Hook. f., Fl. Brit. India 4: 55. 1883.

自然分布
印度尼西亚；常见栽培。

鉴别特征
双裂片，叶缘增厚，花序表面扁平，紧凑。

迁地栽培形态特征
附生小藤本，乳汁白色，植株幼时被柔毛。

茎 粗糙，粗2~5mm，橄榄绿色，被毛；叶间隔长3~8cm；不定根发达。

叶 对生，厚肉质，卵形，7~12cm×2.5~3.6cm，基部近圆形至楔形，具短狭基，先端渐尖，顶尖细短；叶面稍粗糙，叶缘增厚，具缘毛；中脉在叶背凸起，侧脉不清晰；叶柄比茎粗，10~20mm×3~4mm，圆柱形，扭曲。

花 假伞形花序，表面扁平，紧凑，着花约30朵；花序梗较短，30~60mm×2~4mm，被毛；花梗拱状，长25~10mm，外围长于内围，无毛；花萼直径2~3mm，萼片线形；花冠乳白色，完全反折，高5~5.5mm，表面被柔毛，背面无毛，边缘反卷形成一高约2mm的圆环；副花冠双裂片，伞状凸起，直径约4mm，高约3.5mm，具红芯，外角明显低于内角，下裂片明显从底部伸出；子房纤细，高约1mm。

受威胁状况评价
外来种，缺乏数据（DD）。

引种信息
华南植物园 20102798 市场购买。
深圳仙湖植物园 F0024431 泰国。
上海植物园 2010-4-0278 马来西亚。

物候信息
勤花，温湿度合适时，全年可开。
华南植物园 生长良好，未见冻害；茎蔓生长旺盛；叶常年青绿；几全年可观测到花开，花量较多；花寿命较长，约1周。

迁地栽培要点
喜阳，亦耐阴，需温室大棚内栽培，适应性强，盆栽或绑树桩攀爬。
扦插易成活，温度适宜时，生长速度快；空气干燥时，注意补湿。

植物应用评价

双裂型，可应用于悬吊观赏。

145 硬叶球兰

Hoya rigida Kerr., Bull. Misc. Inform. Kew 1939: 463. 1939.

自然分布

越南；常见栽培。

鉴别特征

与 *Hoya verticillata* 相似，花球偏大，萼片细长，长达5~6mm。

迁地栽培形态特征

附生藤本，乳汁白色，植株无毛。

茎 稍粗糙，粗壮，粗3~5mm，绿色至橄榄绿色；叶间隔长2~12cm；不定根发达。

叶 对生，肉质，卵状披针形，8~15cm×3~5.5cm，基部圆形，先端渐尖；基出三脉，浅绿色；叶柄圆柱形，20~30mm×4~5mm，粗壮，扭曲。

花 伞状花序，多年生，球形，紧凑，球径6~7cm，着花40余朵；花序梗粗壮，40~60mm×4~5mm；花梗线形，长26~28mm；花蕾表面被黑红色斑点；花萼直径11~12mm，萼片线形，长5~6mm；花冠白色，完全反折，高约11mm，展开直径21~22mm，深裂，浓香，表面被短柔毛，背面无毛，裂片顶尖反折；副花冠白色，直径约9mm，高约5mm，具红芯，裂片卵形，斜立，外角急尖，内角圆，顶尖极短；子房钝形，高约2mm。

果 线形，表面密被黑色斑纹。

受威胁状况评价

外来种，缺乏数据（DD）。

引种信息

华南植物园 20102826 市场购买。

深圳仙湖植物园 F0024339 福建漳州。

上海辰山植物园 20120579 泰国。

西双版纳热带植物园 1020160083 深圳仙湖植物园。

昆明植物园 CN20161120 市场购买。

物候信息

华南植物园 生长良好，未见冻害；茎蔓生长旺盛；叶常年青绿；花量较多，花期4~9月；花寿命短，2~3天。

迁地栽培要点

较喜阳，亦耐阴，适应性强，盆栽或墙（柱）攀爬。

扦插易成活，温度适宜时，生长速度快；空气干燥时，注意补湿。

植物应用评价

球花型，易养护，易开花，观赏性好，可应用于藤架或墙（柱）攀爬。

146
方叶球兰

Hoya rotundiflora M. Rodda & N. Simonsson, Phytotaxa 27: 37. (-43; figs. 1-3). 2011.

自然分布

缅甸；常见栽培。

鉴别特征

小方叶，反折花冠白色，被密毛。

迁地栽培形态特征

匍匐藤本，乳汁白色，植株被毛。

茎 匍匐状，粗1~3mm，深绿，被密毛；叶间隔较为密集，长1~10cm；不定根较短，发达。

叶 对生，肉质，被毛，方状长圆形，3~6cm×1.5~2.5cm，基部圆形或钝，先端圆，尾尖针状，极短；叶面革质，具光泽，稍扭曲，具缘毛；中脉和侧脉在叶面凸起，侧脉羽状，4~6对；叶柄圆柱形，3~10mm×1~2mm，被毛，扭曲。

花 伞状花序，多年生，半球形，球径约40mm，着花10余朵；花序梗绿色，60~120mm×1.5~3mm，被毛；花梗线形，长24~25mm，无毛；花萼直径约5mm，萼片三角形，顶尖，具缘毛；花白色，完全反折，展开直径约16mm，高9~10mm，中裂，表面被长密毛，背面无毛，裂片顶尖反卷；副花冠乳白色，伞状凸起，直径约6mm，高约5mm，裂片倒卵状披针形，中陷，外角明显低于内角，内角顶尖三角形；子房细长，高约2mm，顶尖。

受威胁状况评价

外来种，缺乏数据（DD）。

引种信息

华南植物园 20102786 市场购买；20182310 滁州花友赠送。

深圳仙湖植物园 F0024325 福建漳州。

上海植物园 2010-4-0311 马来西亚。

上海辰山植物园 20130386、20130403 泰国。

昆明植物园 缺引种信息 市场购买。

物候信息

华南植物园 生长良好，未见冻害；茎蔓生长较为缓慢；叶常年青绿；开花较困难，偶见开花，花期5~6月；花寿命较长，约1周。

昆明植物园 观测到花。

迁地栽培要点

较喜阳，亦耐阴，适应性强，盆栽或墙（柱）攀爬。

扦插易成活，空气干燥时，注意补湿。

植物应用评价

观叶型，可应用于悬吊观赏或墙柱攀爬。

引种名记录为 *Hoya lyi*，曾长期被作为 *H. lyi* 栽培，后于2012年作为新种发表，模式采集于栽培植物，自然分布不详，可能分布于缅甸。

147 兰敦球兰

Hoya rundumensis (T. Green) Rodda & Simonsson, Webbia 68: 13. 2013.
Hoya plicata subsp. *rundumensis* T. Green. 2010.

自然分布

沙巴；常见栽培。

鉴别特征

与 *Hoya plicata* 相似，叶缘常增厚，反折花冠红色。

迁地栽培形态特征

附生缠绕小藤本，乳汁白色，植株被疏柔毛。

茎 粗糙，粗3~5cm，绿色，被疏柔毛；叶间隔长3~10cm；不定根发达。

叶 对生，肉质，深绿，狭卵状两端披针形，或长圆状两端披针形，基部楔形至宽楔形，具长狭基，先端渐尖，50~80mm×18~25mm；叶面不平，光亮有质感；中脉在叶背凸起，侧脉不清晰；叶柄短，5~15mm×2~4mm，绿色，被疏毛。

花 假伞形花序，多年生，表面扁平，紧凑，球径约45mm，着花20余朵；花序梗粗壮，20~50mm×3~5mm；花梗粗，拱状，25~8mm×1mm，外围长于内围，常密被红点，无毛；花冠红色，完全反折，直径约6mm，高约5mm，表面被长柔毛，背面无毛，边缘反卷形成一高约3mm的圆环；副花冠双裂片，直径约6mm，高约3mm，伞状凸起，下裂片在底部明显伸出；子房纤细，高约2mm。

受威胁状况评价

外来种，缺乏数据（DD）。

引种信息

华南植物园 20121337 市场购买。

物候信息

勤花，温湿度合适时，全年可开。

华南植物园 生长良好，未见冻害；叶常年青绿；易开花，花量较多；单花寿命较长，约1周。

迁地栽培要点

喜阳，亦耐阴，需温室大棚内栽培，适应性强，盆栽或绑树桩攀爬。

扦插易成活，温度适宜时，生长速度快；空气干燥时，注意补湿。

植物应用评价

双裂型，叶和花都小巧精致，观赏性好，可应用于悬吊观赏。

本种的引种名记录为卷边球兰（*Hoya revoluta*）。

148 门多萨球兰

Hoya salmonea Kloppenb., Guevarra, G. Mend. & Ferreras, J. Nat. Stud, 12: 22. 2013.

植株

自然分布

菲律宾吕宋岛；常见栽培。

鉴别特征

与 *Hoya camphorifolia* 相似，花球较大，粉黄色，副花冠裂片斜立。

迁地栽培形态特征

附生小藤本，乳汁白色，植株无毛。

🌿 **茎** 纤细，粗1~4mm，绿色；叶间隔长5~12cm；不定根发达。

🍃 **叶** 对生，绿色，长圆形至倒卵状长圆形，8~13cm×3~3.5cm；基部宽楔形，先端急尖或钝尖，尾尖细短；叶脉浅绿色，中脉在叶背凸起，侧脉约2对；叶柄圆柱形，10~15mm×2~3mm，酒红色至绿色，无毛。

🌸 **花** 伞状花序，多年生，球形，紧凑，球径约45mm，着花20余朵；花序梗纤细，长3~8cm，绿色；花梗线形，长16~18mm，纤细，浅绿色；花萼直径约4mm；花冠米黄色，近钟状，直径10~11mm，深裂，表面被短柔毛，背面无毛，裂片边缘反卷；副花冠粉黄色，平展，直径约4mm，高约1.5mm，裂片卵形，斜立，外角圆尖，明显高于内角，内角圆，顶尖极短；子房小，高约1mm。

受威胁状况评价

外来种，缺乏数据（DD）。

引种信息

华南植物园 20142170 市场购买。

物候信息

勤花，温湿度合适时，全年可开。

华南植物园 生长良好，未见冻害；茎蔓生长旺盛；叶常年青绿；几全年可观测到花开，花量多；花寿命短，1~2天。

迁地栽培要点

喜阳，亦耐阴，需温室大棚内栽培，适应性强，盆栽或绑树桩攀爬。

扦插易成活，温湿度适宜时，生长速度快；空气干燥时，注意补湿。

植物应用评价

观叶型，可应用于藤架或墙（柱）攀爬。

149 斯氏球兰

Hoya scortechinii King & Gamble, J. Asiat. Soc. Bengal, Pt. 2, Nat. Hist. 74: 567. 1908.

自然分布

马来半岛；常见栽培。

鉴别特征

植株与 *Hoya uncinata* 相似，含乳汁，白色反折花冠，被微毛。

迁地栽培形态特征

附生缠绕小藤本，乳汁白色，植株被柔毛。

茎 纤细，粗 1~3mm，橄榄绿色，常被红褐色斑点；叶间隔长 8~10cm；不定根较发达。

叶 对生，肉质，心状披针形或长卵形，8~13cm×3~4.5cm，基部心形，有耳或缺，先端急尖，尾尖明显；叶面常被白色斑纹和红褐色斑点；中脉在叶背凸起，侧脉不清晰；叶柄圆柱形，长 5~10mm。

花 伞状花序，多年生，半球形，紧凑，着花 10 余朵；花序梗细长，长 5~13cm，被柔毛；花梗线形，长 14~15mm，无毛；花冠白色，或浅红色，完全反折，展开直径约 16mm，香，深裂，表面被柔毛，背面无毛，顶尖反折；副花冠明黄色至紫红色，直径约 7mm，裂片狭卵状披针形，斜立，卵状凹陷，外角渐尖，内角圆，顶尖细短；子房纤细，高约 1.5mm。

果 未见。

受威胁状况评价

外来种，缺乏数据（DD）。

引种信息

华南植物园 20114502 市场购买。
上海辰山植物园 20120580 泰国。
昆明植物园 CN20161124 市场购买。

物候信息

勤花，温湿度合适时，全年可开。
华南植物园 生长良好，未见冻害；茎蔓生长较为缓慢；花寿命较长，约 1 周。
昆明植物园 花期 4 月。

迁地栽培要点

喜阳，亦耐阴，忌积水，需温室大棚内栽培，适应性较差，盆栽或绑树桩攀爬。扦插易成活，空气干燥时，注意补湿。

植物应用评价

　　球花型，可应用于藤架或墙（柱）攀爬。

150 匍匐球兰

Hoya serpens Hook. f., Fl. Brit. India 4: 55. 1883.

自然分布
印度东北部；常见栽培。

鉴别特征
小圆叶，辐射花冠黄绿色，被密集长毛。

迁地栽培形态特征
附生小藤本，乳汁白色，植株被毛。

茎 匍匐状，纤细，粗1.5~2.5mm，绿色，被毛；叶间隔较为密集，长1~3cm；不定根发达，短。

叶 对生，肉质，绿色，近心形至椭圆形，12~16mm×7~15mm，基部圆形，先端圆，尾尖细短；叶两面被毛，叶面常被白斑；中脉在叶背凸起，侧脉不明显；叶柄短，长3~6mm，纤细，被毛。

花 伞状花序，多年生，球形，着花10余朵；花序梗长5~20mm，绿色，被毛；花梗浅绿色，长约2cm，被疏毛；花萼直径约5mm，萼片卵状披针形；花冠绿黄色，近钟状，展开直径约18mm，香，中裂，表面被密毛，背面无毛，边缘稍反卷；副花冠乳白色，直径7~8mm，高约5mm，不透明，具红芯，裂片卵形，拱形，厚肉质，外角钝尖，明显高于内角，顶尖向下反折，内角圆尖，顶尖短；子房柱形，高约2mm。

果 未见。

受威胁状况评价
外来种，缺乏数据（DD）；易受环境影响，或滥采而致危，建议调整至易危（VU）。

引种信息
华南植物园 20121291 市场购买。
厦门市园林植物园 缺引种号 市场购买。

物候信息
华南植物园 生长较好，未见冻害；茎蔓生长缓慢；叶常年青绿；花期4~5月；花寿命较长，约10天。

迁地栽培要点
较耐寒，喜阳耐旱，忌积水，盆栽或板植。
扦插易成活，生长速度较慢；空气干燥时，注意补湿。

植物应用评价

匍匐型，可应用于悬吊观赏。

本种在国内稀见栽培，但与 *Hoya carnosa* 杂交选育的2个杂交品种曲克球兰 *H.* 'Chouke' 和玛蒂尔德球兰 *H.* 'Mathilde'，在国内较为常见，适应性良好。

151
菜豆球兰

Hoya shepherdi Short & Hook., Bot. Mag. t. 5269. 1861.

自然分布

喜马拉雅山；常见栽培。

鉴别特征

叶线形，辐射花冠白色，表面被密毛，副花冠裂片外角圆。

迁地栽培形态特征

附生藤本，乳汁白色，植株无毛。

茎 粗2~6mm，深绿至浅橄榄灰色，具光泽；叶间隔长9~12cm；不定根稀疏。

叶 对生，深绿，厚肉质，线形，9~16cm×1~1.2cm，基部宽楔形，先端渐尖，尾尖长三角形；叶两侧略向上反卷；中脉在叶背凸起，侧脉不清晰；叶柄短，长5~12mm，圆柱形。

花 伞状花序，多年生，球形，球径35~40mm，着花多朵；花序梗短，长5~10mm，绿色；花梗线形，长13~15mm，浅绿色；花萼直径约4mm，萼片短小；花冠近钟形，白色，展开直径约17mm，中裂，表面被密长毛，背面无毛，裂片边缘稍反卷；副花冠白色，平展，直径约4mm，高约2.5mm，具红芯，裂片卵形，拱状，外角向上反卷，内角圆尖，顶尖三角形，倚靠在合蕊柱上；子房锥形，高约1mm。

果 未见。

受威胁状况评价

外来种，缺乏数据（DD）。

引种信息

华南植物园　20102830　市场购买。
深圳仙湖植物园　F0024305　福建漳州。
上海植物园　2010-4-0301　马来西亚。
昆明植物园　CN20161126　市场购买。

物候信息

华南植物园　未见冻害，耐热性良好；茎蔓生长速度较慢，叶常年青绿；稀见开花，花期5~7月；花寿命较长，约1周。
昆明植物园　观测到花。

迁地栽培要点

较耐寒，喜阳，亦耐阴，开花需强光照，盆栽或绑树桩攀爬。
扦插易成活，空气干燥时，注意补湿。

植物应用评价

球花型，可应用于藤架或墙（柱）攀爬。

本种的叶形态与云南分布的一未鉴定种（中国植物园有迁地栽培，如华植20141643等）非常相似，但副花冠完全不同。华植20141643可能是FOC描述的长叶球兰（*Hoya longifolia*）。*H. longifolia*采集于尼泊尔的同模标本*Wallich, N. #40*，*Wallich, N. #40*与华植20141643完全不同，应为两个不同种，编者查阅了国内外标本馆，只有一份馆藏于K，编号为K000873050的标本*Henry, A., #11368*（采集于云南，为薄叶球兰*H. mengtzeensis*的模式标本副本）曾被Smitinand, T.鉴定为*H. longifolia*，编者认为*Henry, A., #11368*与*Wallich, N. #40*为两个不同种，故长叶球兰（*H. longifolia*）在中国很可能没有自然分布。

152 斑叶球兰

Hoya sigillatis T. Green, Fraterna 17(3): 2(-4; figs.).

自然分布

沙巴；常见栽培。

鉴别特征

双裂片，叶长圆形，叶面常被白色斑纹。

迁地栽培形态特征

附生小藤本，乳汁白色，植株被毛。

🌿 茎 纤细，粗1~2mm，酒红至橄榄绿色，被毛；叶间隔长5~8cm；不定根发达。

🍃 叶 对生，绿色至酒红色，肉质，长圆形，45~60mm×12~16mm，基部圆形或宽楔形，先端钝尖，尾尖短；叶面常被白色斑纹，具缘毛；中脉在叶背凸起，侧脉不清晰；叶柄短，3~10mm×2mm，酒红色，被毛。

🌸 花 伞状花序，多年生，表面扁平稍凹，球径约60mm，着花20余朵；花序梗长40~120mm，红褐色，被毛；花梗拱形，长20~5mm，外围长于内围，常密被红色斑点；花冠橘黄色，完全反折，冠径约6mm，高约6mm，深裂，表面被柔毛，背面无毛，裂片边缘反卷；副花冠黄色，直径约6mm，高约2mm，上裂片狭菱形，下裂片稍伸出；子房纤细，高约1.5mm。

受威胁状况评价

外来种，缺乏数据（DD）。

引种信息

华南植物园　20102829、20121334　市场购买。

深圳仙湖植物园　F0024321　福建漳州。

上海植物园　2010-4-0303　马来西亚。

上海辰山植物园　20120582、20122992　泰国。

昆明植物园　CN20161127　市场购买。

物候信息

勤花，温湿度合适时，全年可开。

华南植物园　生长良好，未见冻害；茎蔓生长旺盛；叶常年偏红；几全年可观测到花，花量较多；花寿命较长，约1周。

迁地栽培要点

喜阳，亦耐阴，适应性较好，盆栽或绑树桩攀爬。

扦插易成活，空气干燥时，注意补湿。

植物应用评价

观叶型，观赏性佳，可应用于悬吊或攀爬观赏。

153 实必丹球兰

Hoya sipitangensis Kloppenb. & Wiberg, Fraterna 15(3): 4. 2002.

自然分布

婆罗洲；常见栽培。

鉴别特征

与 *Hoya nabawanensis* 极相似，叶偏窄，副花冠裂片中脊明显隆起。

迁地栽培形态特征

附生小藤本，乳汁白色，植株被柔毛。

茎 匍匐状，粗2~3mm，橄榄绿至橄榄灰色；叶间隔长4~8cm；不定根极发达。

叶 对生，绿色至红色，长圆形至长圆状披针形，60~80mm×2~2.5mm，基部圆形，先端渐尖；叶脉在叶面凸起，侧脉羽状，4~5对；叶柄圆柱形，2~10mm×4~5mm，粗壮，扭曲。

花 伞状花序，多年生，表面扁平稍凹，紧凑，球径35~40mm，着花10余朵；花序梗较长，40~80mm×3~4mm，绿色；花梗拱状，长20~10mm，外围长于内围；浅绿色，花萼直径约3mm；花冠小，米黄色，完全反折，直径5~6mm，高约3mm，深裂，表面被密长毛，背面无毛，裂片边缘完全反卷；副花冠白色，直径约4mm，高约2mm，具红芯，半透明，裂片卵形，弯月状，外角钝圆，几与内角等高，内角圆尖，顶尖细长，边缘在底部连合，无皱褶；子房细小，高约0.5mm。

受威胁状况评价

外来种，缺乏数据（DD）。

引种信息

华南植物园 20121986 市场购买。

深圳仙湖植物园 F0024547 泰国。

物候信息

勤花，温湿度合适时，全年可开。

华南植物园 生长良好，轻微冻害；茎蔓生长旺盛；阳光下或昼夜温差大时，叶常转红；几全年可观测到花，花量较少；花寿命较长，约1周。

迁地栽培要点

喜阳，亦耐阴，需温室大棚内栽培，适应性强，盆栽或绑树桩攀爬。

扦插易成活，温度适宜时，生长速度快；空气干燥时，注意补湿。

植物应用评价

匍匐型,叶常显红色,观赏性好,可应用于悬吊观赏。

国内引种名常写为瓦林球兰(*Hoya walliniana*),区别是后者叶脉不显,花更小,冠径3.5～5mm。

154
索里嘎姆球兰

Hoya soligamiana Kloppenb., Siar & Cajano, Asia Life Sci. 18(1): 151(-154; figs. 10-12). 2009.

自然分布

菲律宾；常见栽培。

鉴别特征

与 *Hoya benguetensis* 相似，叶常为绿色，花冠黄色。

迁地栽培形态特征

附生缠绕藤本，乳汁白色，植株无毛。

🌱 粗糙，粗 1.5～6mm，绿色至土黄色；叶间隔长 5～12cm；不定根发达。

🍃 对生，肉质，绿色至红色，长圆形至长圆状披针形，10～16cm×3～4cm，基部圆形或宽楔形，先端钝尖，尾尖细长；掌状脉，侧脉约2对，浅绿色；叶柄圆柱形，10～20mm×2～3mm，扭曲。

🌸 伞状花序，多年生，伞形，松散，着花 7～12 朵；花序梗长 5～8cm；花梗线形，长 35～36mm，浅绿色；花萼直径约 6mm，萼片三角形；花冠黄色，完全反折，高约 8mm，展开直径约 20mm，深裂，表面被短柔毛，背面无毛，裂片边缘及顶尖反卷；副花冠紫红色，平展，直径约 8mm，高约 3mm，裂片卵形，外角钝尖，几等高于内角，内角圆尖，顶尖细短；子房高约 1.5mm。

🍒 未见。

受威胁状况评价

外来种，缺乏数据（DD）。

引种信息

华南植物园 20150416 市场购买。

昆明植物园 CN20161128 市场购买。

物候信息

勤花，温湿度合适时，全年可开。

华南植物园 生长良好，未见冻害；阳光下或昼夜温差大时，叶常转红；花期 4～12 月；花寿命较短，2～3 天。

昆明植物园 观测到花开。

迁地栽培要点

喜阳，易较耐阴，需温室大棚内栽培，适应性强，盆栽或绑树桩攀爬。

扦插易成活，温度适宜时，生长速度快；空气干燥时，注意补湿。

花序易遭受介壳虫危害，需防治。

植物应用评价

艳花型，可应用于悬吊观赏或藤架或墙（柱）攀爬。

155 棒叶球兰

Hoya spartioides (Benth.) Kloppenb., Fraterna 14(2): 8. 2001.
Astrostemma spartioides Benth. 1880.

植株　植株

自然分布

婆罗洲；稀见栽培。

鉴别特征

灌木，叶通常脱落，多年生花序梗着生于茎上，形如木棒。

迁地栽培形态特征

附生小灌木，乳汁白色，植株无毛。

🟢茎　长可达50cm；不定根稀缺。

🟢叶　幼时叶着生于基部，成年时常脱落。

🟢花　伞状花序，多年生，球形，着花6~9朵；花序梗从基部开始随茎的生长抽生，210~240mm × 2~3mm，绿色，无毛；花梗极短；花冠金黄色，直径9~10mm，平展，中裂，表面被毛，背面无毛；

副花冠乳白色，扁平。

受威胁状况评价

外来种，缺乏数据（DD）。

引种信息

昆明植物园 缺引种号 市场购买。

物候信息

缺物候记录。

据文献记载，夜间开放，清晨花已谢。

迁地栽培要点

喜阳，需温室大棚内栽培，盆栽或板植。

扦插易成活，温度适宜时，生长速度快；空气干燥时，注意补湿。

植物应用评价

观叶型，可应用于盆栽观赏。

156 宝石球兰

Hoya stoneana Kloppenb. & Siar, Fraterna 19(4): 19(-23; figs.). 2006.

自然分布

未知，模式采集于栽培植株；常见栽培。

鉴别特征

与 *Hoya lyi* 相似，叶倒卵状长圆形，叶面光亮，花白色。

迁地栽培形态特征

附生小藤本，乳汁白色，植株被毛。

🟢 茎 纤细，匍匐状缠绕，粗 2~5mm，深绿，被毛；叶间隔较密集，长 4~8cm；不定根发达。

🟢 叶 对生，绿色，肉质，被毛，倒卵形长圆形至倒卵状披针形，5.5~10cm×1.7~2.3cm，基部宽楔形至圆形，先端钝尖，尾尖细长，长 6~10mm；叶两面被毛，叶背更为密集，具缘毛；中脉在叶背凸起，侧脉不清晰；叶柄圆柱形，15~20mm×1.5~2mm，被毛。

🟢 花 伞状花序，多年生，球形，球径 5~6cm，着花 10 余朵；花序梗纤细，20~50mm，被毛；花梗线形，21~22mm，浅绿色，无毛；花萼直径约 4mm，萼片三角形，顶尖，具缘毛；花冠白色，扁平，展开直径 21~22mm，中裂，表面被密长毛，背面无毛，裂片两侧边缘向背面反卷；副花冠乳白色，平展，直径约 8mm，高约 4mm，裂片近圆形，先端明显向上反折，外角圆，明显高于内角，内角圆尖，顶尖纤细，长约 0.5mm，裂片底部无皱褶，留一明显缝隙；子房钝头，高约 2mm。

🟢 果 未见。

受威胁状况评价

外来种，缺乏数据（DD）。

引种信息

华南植物园 20121362、20114495 市场购买。

深圳仙湖植物园 F0024539 泰国；F0024298 福建漳州。

上海辰山植物园 20102945 上海；20120546、20130385 泰国。

昆明植物园 CN20161070 市场购买。

物候信息

华南植物园 生长良好，未见冻害；花蕾萌发几乎发生于全年，大多败育脱落，极少能正常发育；花寿命较长，约 1 周。

迁地栽培要点

喜阳，亦耐阴，需温室大棚内栽培，适应性强，盆栽或绑树桩攀爬。

扦插易成活，温度适宜时，生长速度快；空气干燥时，注意补湿。

植物应用评价

球花型，花洁白雅致，可应用于悬吊观赏或墙柱攀爬。

本种曾长期与长叶球兰（*Hoya longifolia*）混淆为同一个种，或有时被记录为 *H. longifolia* f. *pubescent*。国内引种名常记录为 *H. longifolia* 或 *H. stoneana*，这两种植物除了叶形和花冠相似外，其他都不同，前者为缠绕大藤本，植株光滑无毛，后者为匍匐状小藤本，植株被密毛。

157 粗蔓球兰

Hoya subquintuplinervis Miq., Ann. Mus. Bot. Lugduno-Batavi 4: 141. 1869.

自然分布

泰国；国内外常见栽培。

鉴别特征

与 *Hoya dolichosparte* 相似，茎粗壮，叶厚肉质，花白色。

迁地栽培形态特征

附生藤本，乳汁白色，植株被柔毛。

🌿 茎 粗壮，粗6~12mm，被柔毛，绿色；叶基部间隔较密，长1~3cm，其他长6~10cm；不定根发达。

🌿 叶 对生，厚肉质，阔卵形或倒卵形，6~10cm×4~6cm，基部圆至宽楔形，先端钝尖，尾尖短；叶可厚达3~4mm；基出三脉，浅绿色；叶柄圆柱形，10~20mm×6~8mm，粗壮，被柔毛。

🌸 花 伞状花序，多年生，半球形，紧凑，球径6~7cm，着花20余朵；花序梗粗壮，30~60mm×5~7mm，被柔毛；花梗线形，35~36mm×2mm，粗壮，浅绿色，无毛；花萼直径约6mm，萼片阔三角形；花冠白色，厚肉质，完全反折，高8mm，展开直径约20mm，香，深裂，表面被疏柔毛，背面无毛，裂片顶尖反折；副花冠白色，平展，直径8~9mm，高约3mm，裂片卵形，外角圆，稍高于内角，内角钝尖，顶尖细短；子房柱状，高约2mm。

受威胁状况评价

外来种，缺乏数据（DD）。

引种信息

华南植物园　20061341、20102811　市场购买。
深圳仙湖植物园　F0024320　福建漳州；F0024371、F0024372　泰国。
上海植物园　2010-4-0287、2010-4-0288　马来西亚。
上海辰山植物园　20122985　浙江；20102950、20102951　上海购买。
昆明植物园　CN20161096　市场购买。

物候信息

勤花，温湿度合适时，全年可开。
华南植物园　生长良好，茎蔓生长缓慢，未见冻害，可耐短时霜冻；几全年可观测到花开，花量稀少；花寿命较短，3~4天。
昆明植物园　花期4月。

迁地栽培要点

较耐寒，喜阳，亦耐阴，适应性强，盆栽或绑树桩攀爬。

扦插易成活，温度适宜时，生长速度较慢；空气干燥时，注意补湿。

植物应用评价

观叶型，叶厚奇特，观赏性佳，可应用于盆栽、藤架或墙（柱）攀爬。

国内引种名常记录为 *Hoya pachyclada*。

158 苏里高球兰

Hoya surigaoensis Kloppenb., Siar & Nyhuus, Asklepios 107: 23(-26; figs.). 2010.

自然分布

菲律宾；常见栽培。

鉴别特征

与 *Hoya merrillii* 相似，叶较薄，花黄色，稍小。

迁地栽培形态特征

附生缠绕藤本，乳汁白色，植株几无毛。

🌱 茎 粗糙，粗3~8mm，绿色，幼时被疏柔毛；叶间隔长2~12cm；不定根发达。

🍃 叶 对生，绿色，肉质，心形至长圆形，10~13cm×7~8cm，基部近心形至圆形，先端钝尖，尾尖细短；叶面无毛，具光泽；基出三脉，浅绿色；叶柄圆柱形，25~35mm×5~8mm，粗壮，扭曲。

🌸 花 复伞状花序，小花序常有1~3个；花序球形，球径45~50mm，着花20~40朵；总梗短至无，小花序梗较长，20~60mm×4~6mm；花梗线形，长约18mm，浅绿色；花萼直径约4mm，萼片线形；花冠黄色，平展，直径约12mm，深裂，表面被短柔毛，背面无毛，裂片两侧边缘反卷；副花冠黄色，直径约5mm，稍透明，裂片卵状披针形，斜立，外角渐尖，明显高于内角，内角圆，顶尖细短；子房钝状，高约1.5mm。

受威胁状况评价

外来种，缺乏数据（DD）。

引种信息

华南植物园　20142396　市场购买。

物候信息

勤花，温湿度合适时，全年可开。

华南植物园　生长良好，未见冻害；茎蔓生长旺盛；几全年可观测到花开，花量较多；花寿命较短，2~3天。

迁地栽培要点

喜阳，需温室大棚内栽培，适应性强，盆栽，或绑树桩攀爬。

扦插易成活，温度适宜时，生长速度快；空气干燥时，注意补湿。

植物应用评价

大叶型，可应用于藤架或墙（柱）攀爬。

159 三岛球兰

Hoya tamdaoensis Rodda & T. B. Tran, Phytotaxa 217(3): 288. 2015.

自然分布
中国云南、广西，以及越南；稀见栽培。

鉴别特征
植株被毛，花白色，平展，副花冠外角圆。

迁地栽培形态特征
附生缠绕藤本，乳汁白色，植株被毛。

🟢 **茎** 纤细，粗2~3mm，多分枝，褐色至绿色，被疏毛；叶间隔长5~15cm；不定根发达，短。

🟢 **叶** 对生，肉质，长圆状披针形至长圆形，7~12cm×2~4.5cm；基部圆形，先端钝尖，尾尖细长，长达10~15mm；叶面几无毛，叶缘稍反卷，具缘毛；中脉在叶面凸起，侧脉羽状，隐约可见，5~6对；叶柄圆柱形，15~20mm×3~4mm，被疏毛。

🟢 **花** 伞状花序，多年生，球形，球径45~50mm，着花10余朵；花序梗细长，长60~120mm，被毛；花梗线形，长22~23mm，无毛；花冠白色，扁平，直径17~18mm，浓香，中裂，表面被密长毛，背面无毛，裂片边缘稍反卷；副花冠白色，扁平，直径7~8mm，高约3mm，裂片卵形，表面内侧卵状凹陷，外角圆，稍向上反折，内角圆尖，顶尖细短，倚靠在合蕊柱上；子房柱状，高约1.5mm，钝头。

🟢 **果** 未见。

受威胁状况评价
中国原生种，极危（CR）。

引种信息
华南植物园 20160748 引自西双版纳热带植物园。
西双版纳热带植物园 0020140946 云南马关县古林箐。

物候信息
华南植物园 生长良好，未见冻害；茎蔓生长旺盛，易发枝；2019年8月25日，首次开花，光照良好时，花量较多；花寿命较长，7~8天。

迁地栽培要点
较耐寒，喜阳，亦耐阴，适应性较强，盆栽或绑树桩攀爬。
扦插易成活，易发枝；空气干燥时，注意补湿。

植物应用评价

球花型，可应用于藤架或墙（柱）攀爬。

FOC未记录，为中国近年发现的中国新记录种。三岛球兰有种间变异，云南和广西的植株，花序梗被毛，而越南的植株无毛或被毛不明显。

160 夜来香球兰

Hoya telosmoides Omlor, Novon 6(3): 290. 1996.

自然分布

婆罗洲北部；常见栽培。

鉴别特征

花冠形态类似于夜来香属（_Telosma_ Coville），紫色。

迁地栽培形态特征

附生小藤本，乳汁白色，植株无毛。

🟢 **茎** 粗2~3mm，革质，无毛；叶间隔长5~15cm；不定根稀缺。

🟢 **叶** 对生，肉质，无毛，狭椭圆状披针形或倒狭卵状披针形，8~13cm×2.5~5.5cm，基部楔形，具短狭基，先端尖锐，尾尖细长；中脉在叶背凸起，侧脉隐约可见，5~7对；叶柄圆柱形，长8~20mm，具浅槽。

🟢 **花** 伞状花序，多年生，半球形，松散，着花10余朵；花序梗长15~55mm，无毛；花梗线形，长15~20mm；花冠肉质，酒瓶状，厚肉质，中下部束起后开裂，高约25mm，筒高6~7mm，最宽约6mm，背面紫色，表面乳白色，底部至喉部被白长毛，裂片及背面无毛；副花冠乳白色，直径约6mm，高约5mm，裂片三角形；子房高约2mm。

🟢 **果** 未见。

受威胁状况评价

外来种，缺乏数据（DD）。

引种信息

华南植物园　20121332　市场购买。

物候信息

华南植物园　生长良好，冻害轻微；花期12月至翌年3月，若遇低温，尤其低于5℃时，易落花。

迁地栽培要点

喜阳，亦耐阴，需温室大棚内栽培，适应性较强，盆栽或绑树桩攀爬。扦插易成活，温度适宜时，生长速度快；空气干燥时，注意补湿。

植物应用评价

异花型，可应用于悬吊观赏。

161 腾冲球兰

Hoya tengchongensis J. F. Zhang, N. H. Xia & Y. F. Kuang, Nordic J. Bot. 37(5)-e02282: 2. 2019.

自然分布

云南特有种；偶见栽培。

鉴别特征

与 *Hoya serpens* 相似，叶革质，花明显比叶小，副花冠斜立。

迁地栽培形态特征

匍匐小藤本，乳汁白色，植株被毛。

🟢**茎** 匍匐状缠绕，纤细，粗1~3mm，褐色至橄榄绿色，被毛；叶间隔较密集，长2~7cm；不定根短，发达。

🟢**叶** 对生，肉质，革质，深绿色，近圆形或近心形，卵形或椭圆形，11~20mm×10~15mm，基部圆形，先端钝圆，顶尖针状，短；叶面被疏毛，具光泽，叶背毛稍密集，具缘毛；侧脉羽状，2~3对，与中脉在叶面凸起；叶柄纤细，长4~8mm，被毛。

🟢**花** 伞状花序，多年生，球形，紧凑，球径约30mm，着花20余朵；花序梗被毛，长10~20mm；花梗线形，长10~11mm，纤细，浅绿色，无毛；花萼直径约3mm，萼片卵状三角形，被毛，具缘毛；花冠黄绿色至白色，稍向后反折，展开直径6~7mm，浓香，中裂，表面被密长毛，背面无毛，裂片边缘反卷；副花冠白色，直径约4mm，高约2mm，稍透明，具浅红芯，或无，裂片斜立，卵状长圆形，外角圆，顶尖略向下反折，内角圆，顶尖细短；子房锥形，高约1mm。

🟢**果** 未见。

受威胁状况评价

中国原生种，缺乏数据（DD）；只发现于高黎贡山有零星分布，建议调整至易危（VU）。

引种信息

华南植物园 20160420 花友赠送；20160702 云南腾冲芒棒乡。

昆明植物园 缺引种号 保山。

物候信息

华南植物园 控温温室，悬垂栽培，生长良好，未见冻害；茎蔓生长旺盛，易发枝；花期9~11月；花寿命较短，3~4天。

迁地栽培要点

较耐寒，喜阳耐旱，忌积水，盆栽或绑树桩攀爬。

扦插易成活，生长速度比匍匐球兰快；空气干燥时，注意补湿。较易受介壳虫危害。

植物应用评价

观叶型，叶小而圆，常年青绿，可应用于悬吊观赏。

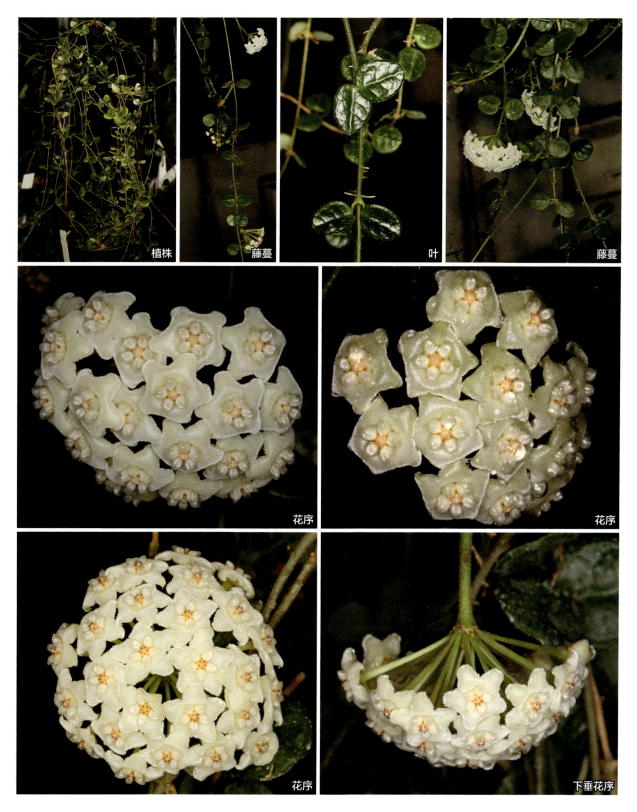

162 西藏球兰

Hoya thomsonii Hook. f., Fl. Brit. India 4: 61. 1883.

植株　叶　花序　花序侧面

自然分布

喜马拉雅山；常见栽培。

鉴别特征

匍匐状小藤本，辐射花冠白色，被密毛。

迁地栽培形态特征

附生小藤本，乳汁白色，植株被密毛。

🟢**茎**　匍匐状缠绕，纤细，粗1.5~3mm，绿色至青铜色，被毛；叶间隔长6~12cm；不定根多而发达。

🟢**叶**　对生，绿色至青铜色，肉质，被毛，倒卵状长圆形至倒狭椭圆形，50~110mm×20~30mm，基部圆形，先端钝尖，尾尖细长；叶两面被毛，叶面常被白色斑纹；中脉在叶背凸起，侧脉不清晰；叶柄圆柱形，10~24mm×2~3mm，被毛。

🟢**花**　伞状花序，多年生，球形，紧凑，球径约5cm，着花10余朵；花序梗细长，40~70mm×3~4mm，被毛；花梗线形，长约20mm，淡绿，无毛；花萼直径约6mm，萼片卵状三角形，顶钝尖，被疏毛；花冠白色，平展，直径约20mm，浓香，中裂，表面被密长毛，背面无毛，裂片边缘稍反卷；副花冠白色，直径约7mm，高约4mm，裂片椭圆形，向上反折，内角顶尖细短，裂片底部无皱褶，边缘留一明显空隙；子房圆柱形，高约1.5mm。

🟢**果**　未见。

受威胁状况评价

中国原生种，缺乏数据（DD）。

引种信息

华南植物园　20121296 市场购买。

深圳仙湖植物园 F0024518 泰国。
上海辰山植物园 20130398 泰国。
昆明植物园 缺引种号 市场购买。

物候信息
华南植物园 生长良好，未见冻害；花期9~11月；花寿命较长，约1周。
昆明植物园 花期9月。

迁地栽培要点
较耐寒，喜阳耐旱，忌积水，盆栽或绑树桩攀爬。
扦插易成活，生长速度较慢；空气干燥时，注意补湿。

植物应用评价
球花型，可应用于悬吊观赏。

本种在FOC中有记录，分布于西藏。查阅CVH和NSII，未查询到标本记录，在JSTOR查阅到有采集于喜马拉雅山的标本。市场上被作为西藏球兰栽培的有3种，即引种名分别记录为西藏白（*Hoya thomsonii* 'White'）、西藏粉（*H. thomsonii* 'Pink'）及西藏亚种（*H. thomsonii* subsp.），西藏亚种原产于泰国，曾作为泰国西藏球兰的新记录种而发表；西藏白和西藏粉来源不详。*H. thomsonii* 是由Hooker基于一份Thomson采自喜马拉雅山Meghalaya的2101号标本描述，我们查阅了馆藏于K、P和L的同模和复份标本，认为西藏白即为 *H. thomsonii* 原种，西藏粉和西藏亚种，建议暂作为未鉴定种处理。基于这3种在中国常见栽培，后附西藏粉和西藏亚种照片，以做区别。

引种名：西藏粉（*Hoya thomsonii* 'Pink'）　　引种名：西藏亚种（*Hoya thomsonii* subsp.）

163 钩状球兰

Hoya uncinata Teijsm. & Binn, Natuurk. Tijdschr. Ned.-Indië 25: 408. 1863.

自然分布

马来半岛；常见栽培。

鉴别特征

花浅黄色，副花冠外角顶尖线状，向内反卷成一钩。

迁地栽培形态特征

附生缠绕小藤本，缺乳汁，植株无毛。

<u>茎</u> 粗糙，纤细，粗1~3mm，浅橄榄灰至褐色；叶间隔长5~15cm；易长不定根。

<u>叶</u> 对生，灰绿色，长圆形至长圆状披针形，100~150mm×25~35mm，基部圆形，先端钝尖，尾尖较长；叶面常具白色斑点；中脉在叶背凸起，侧脉模糊不清晰；叶柄圆柱形，10~20mm×3~4mm，无毛，扭曲。

<u>花</u> 伞状花序，多年生，球形，球径6~7cm，着花20余朵；花序梗纤细，20~100mm×1mm；花梗线形，长21~22mm，纤细；花萼直径4~5mm，萼片线形，顶尖；花冠淡黄色，平展，薄，直径约16mm，浓香，深裂至基部，表面被短柔毛，背面无毛，裂片两侧向下反卷；副花冠乳白色，直径约7mm，具红芯，裂片弯钩状，外角顶尖线形，向内反卷成一钩，内角圆，顶尖为一锐角三角状，倚靠在合蕊柱上；子房纤细，高约2.5mm。

受威胁状况评价

外来种，缺乏数据（DD）。

引种信息

华南植物园 20114506 市场购买。

物候信息

勤花，温湿度合适时，全年可开。

华南植物园 生长良好，未见冻害；阳光下或昼夜温差大时，叶常转红；易开花，花量较多；单花寿命较短，3~4天。

迁地栽培要点

喜阳，亦耐阴，忌积水，需温室大棚内栽培，盆栽或绑树桩攀爬。

扦插易成活，温度适宜时，生长速度快；空气干燥时，注意补湿。

植物应用评价

垂吊型，可应用于藤架或墙（柱）攀爬。

164 万荣球兰

Hoya vangviengiensis Rodda & Simonsson, Webbia 67: 24. 2012.

自然分布

云南，以及老挝；稀见栽培。

鉴别特征

叶形似于 *Hoya oreogena* 茎纤细，花冠扁平，白色至粉色。

迁地栽培形态特征

附生缠绕藤本，缺乳汁，植株被毛。

🟢 茎 纤细，粗2~4mm，被毛，酒红色至浅橄榄色；叶间隔长5~15cm；不定根发达，短。

🟢 叶 对生，绿色，厚肉质，椭圆形或长圆形或卵状披针形，8~18cm×3~5cm，基部圆，先端圆尖或渐尖，尾尖细长，长5~10mm；叶面光亮，几无毛，叶背毛稍密集，具缘毛；中脉和侧脉在叶面凸起，侧脉羽状，4~5对；叶柄圆柱形，5~20mm×3~5mm，粗壮，被毛。

🟢 花 伞状花序，多年生，球形，松散，球径6~7cm，着花20余朵；花序梗酒红色至浅橄榄色，长10~30mm，被毛；花梗线形，30~40mm×1mm，常被酒红色斑点，被毛；花萼直径15~16mm，萼片线形，长6~7mm，顶尖，被毛；花冠乳白色，扁平，直径20~22mm，浓香，有时被酒红色斑点，中裂，表面被密毛，背面无毛，边缘反卷；副花冠扁平，直径8~9mm，高约4mm，具红芯或无，裂片近菱形，中凹，外角渐尖，内角急尖，顶尖极短；子房高约2mm，光滑无毛。

🟢 果 未见。

受威胁状况评价

中国原生种，缺乏数据（DD）。

引种信息

华南植物园　20150309　云南文山。

昆明植物园　缺引种号　云南河口。

物候信息

华南植物园　生长良好，未见冻害；茎蔓生长旺盛，易发枝；花期2月中下旬至8月，易开花，花量多；花寿命较长，约10天。

迁地栽培要点

较耐寒，喜阳耐旱，盆栽或绑树桩攀爬。

扦插易成活，生长速度快；空气干燥时，注意补湿。

植物应用评价

水汁型，可应用于花墙、花柱攀爬。

本种于2017年发表为我国新记录种，模式为栽培植株（引自云南文山），分布于云南西南部石灰岩地区。本种在不同分布带，其萼片的长度有一些差异，云南文山的萼片可长达7～8mm，但云南河口和老挝的萼片偏短，长3～4mm。

引自云南文山，其萼片可长达7～8mm

拍摄于云南河口，其萼片偏短，长3～4mm

165 铁草鞋

Hoya verticillata (Vahl) G. Don, Gen. Hist. 4: 128. 1838.
Sperlingia verticillata Vahl. 1810.
Hoya acuta Haw. 1821.
Hoya angustifolia Traill. 1938.
Hoya balansae Cost. 1912.
Hoya bawanglingensis Shao Y. He & P. T. Li. 2009.
Hoya parasitica Wall. & Wight. 1834.
Hoya pottsii Traill.1830.
Hoya pottsii var. *angustifolia* (Traill) Tsiang & P. T. Li. 1974.
Hoya obscurinervia Merr. 1923.

自然分布
中国，柬埔寨、越南、印度、老挝、泰国等；常见栽培。

鉴别特征
基出三脉，花冠完全反折，外角锐尖。

迁地栽培形态特征
附生藤本，乳汁白色，植株几无毛。

茎 粗3~6mm，绿色；叶间隔长2~18cm；不定根发达。

叶 对生，肉质，绿色，长圆形至长圆状披针形，12~16cm×5~7cm，基部圆形或宽楔形，先端钝尖，尾尖细短；基出三脉，浅绿色；叶柄圆柱形，20~30mm×4~6mm，粗壮，扭曲。

花 伞状花序，多年生，球形，紧凑，球径50~60mm，着花多朵；花序梗粗壮，30~60mm×4~6mm；花梗线形，长20~22mm，淡绿色；花萼直径5~6mm，萼片卵形；花冠白色至浅绿色，完全反折，展开直径约18mm，浓香，深裂，表面被短柔毛，背面无毛，边缘反卷；副花冠白色，直径约8mm，具红芯，裂片卵形，斜立，外角渐尖，明显高于内角，内角圆尖，顶尖细短；子房高约1mm。

果 细长，纤细。

受威胁状况评价
中国原生种，无危（LC）。

引种信息
华南植物园　20091573 海南；20210064 海南乐东；20102819 市场购买；20132594 云南景洪；20132593 西双版纳热带植物园。

深圳仙湖植物园　F0024345、F0024631 市场购买。

辰山植物园　20120474、20120568 市场购买。

上海植物园　2014-4-0201 海南兴隆南药园。

北京市植物园　20193024 市场购买。

厦门植物园　缺引种信息。

物候信息

华南植物园 生长良好，未见冻害；勤花，花期3~8月。

西双版纳热带植物园 自然分布，全年可开。

迁地栽培要点

喜阳，适应性强，盆栽或绑树桩攀爬。

扦插易成活，温度适宜时，生长速度快；空气干燥时，注意补湿。

植物应用评价

球花型，可应用于藤架或墙（柱）攀爬。

Rodda（2017）把绝大部分叶形类似于铁草鞋（*Hoya pottsii*）的种，合并入 *H. verticillata*，其中含分布于中国的霸王岭球兰（*H. bawanglingensis*）和铁草鞋，以及迁地保育于中国植物园的尖叶球兰 Rodda（2017）把绝大部分叶形类似于铁草鞋（*Hoya pottsii*）的种，合并入 *H. verticillata*，其中含分布于中国的霸王岭球兰（*H. bawanglingensis*）和铁草鞋，以及迁地保育于中国植物园的尖叶球兰（*H. acuta*）和寄生球兰（*H. parasitica*）。从迁地保育于中国植物园的活体植株的叶、花、气味等来看，有些区别，但花萼、花的寿命区别并不大，基于此，本志书采纳Rodda的合并处理。

syn.: *Hoya pottsii*

syn.: *Hoya bawanglingensis*

syn.: *Hoya parasitica*

166 黄洁球兰

Hoya vitellinoides Bakh. f., Blumea 6: 381. 1950.

自然分布
爪哇；常见栽培。

鉴别特征
与 _Hoya clemensiorum_ 相似，叶大型，叶脉清晰，反折花冠通常为单色。

迁地栽培形态特征
附生藤本，乳汁白色，植株无毛。

茎 粗糙，粗3~6mm，绿色；叶间隔长6~15cm；不定根发达。

叶 大型，对生，绿色，椭圆状长圆形至长圆形，15~25cm×6~9cm，基部宽楔形至圆形，先端钝尖，尾尖细长；叶面光滑；叶脉黑绿色，中脉在叶背凸起，侧脉羽状，4~5对；叶柄粗壮，20~30mm×6~8mm，圆柱状，扭曲。

花 伞状花序，多年生，球形，紧凑，球径约50mm，着花40~60朵；花序梗20~50mm×3~5mm；花梗线形，长14~15mm，浅绿色中带红，无毛；花萼直径3~4mm，萼片细短，无毛；花冠黄色，完全反折，展开直径12~13mm，中裂，表面被短柔毛，背面无毛，裂片边缘反卷；副花冠白色，平展，直径约7mm，高约2mm，裂片卵形，外角钝尖，稍向上弯曲，略高于内角，内角圆尖，顶尖细短；子房短小，高约1mm。

受威胁状况评价
外来种，缺乏数据（DD）。

引种信息
华南植物园 20102834 市场购买。
深圳仙湖植物园 F0024402 泰国；F0024677 福建漳州。
上海植物园 2010-4-0307 马来西亚。
上海辰山植物园 20120590 泰国。
昆明植物园 CN20161141 市场购买。

物候信息
勤花，温湿度合适时，全年可开。
华南植物园 生长良好，未见冻害；茎蔓生长旺盛；几全年可开，花量较多；花寿命较短，3~4天。

迁地栽培要点
喜阳，亦耐阴，需温室大棚内栽培，适应性强，盆栽或绑树桩攀爬。
扦插易成活，温度适宜时，生长速度快；空气干燥时，注意补湿。

植物应用评价

观叶型，叶大显脉，观赏性好，可应用于藤架或墙（柱）攀爬。

栽培上，有时与 *Hoya meredithii* 混淆为同一个种，通过两种形态的观察，差异明显，本志书作为不同种处理。

167 瓦依特球兰

Hoya wayetii Kloppenb., Fraterna 1993(2): 10. 1993.

自然分布

菲律宾；常见栽培。

鉴别特征

与 *Hoya kentiana* 相似，叶偏短，狭卵状两端披针形。

迁地栽培形态特征

附生小藤本，乳汁白色，植株无毛。

🟢 茎 匍匐状，粗1~4mm，褐色至绿色；叶间隔较密集，长1~6cm；不定根发达。

🟢 叶 对生，肉质，浓绿，长圆状两端披针形，60~110mm×10~15mm，基部楔形，具狭长基，先端钝尖，尾尖细短；叶面光滑，具光泽，叶缘褐色至黑色，常两侧稍向上反卷；中脉在叶背凸起，侧脉不清晰；叶柄圆柱形，10~15mm×2~3mm，绿色，无毛。

🟢 花 假伞形花序，多年生，表面扁平，直径45~50mm，着花20余朵；花序梗长2~10cm，粗约2mm；花梗拱状，25~10mm，外围长于内围；花萼直径约4mm，萼片卵形，长约1.5mm；花冠深红色，完全反折，高约8mm，展开直径约13mm，中裂，表面被毛，背面无毛，裂片顶尖反卷；副花冠双裂片，明黄色，直径约6mm，高约4mm，具红芯，外角低于内角，底部裂片明显伸出；子房小，高约1mm。

受威胁状况评价

外来种，缺乏数据（DD）。

引种信息

华南植物园　20102836 市场购买。

深圳仙湖植物园　F0024634 福建漳州。

上海植物园　F0024634 福建漳州。

昆明植物园　CN20161142 市场购买。

物候信息

勤花，温湿度合适时，全年可开。

华南植物园　生长良好，未见冻害；茎蔓生长旺盛；叶常年青绿；几全年可观测到花，花量多；花寿命较长，约1周。

迁地栽培要点

喜阳，亦耐阴，需温室大棚内栽培，适应性强，盆栽或绑树桩攀爬。

扦插易成活，温湿度适宜时，生长速度快；空气干燥时，注意补湿。

植物应用评价

双裂型,叶和花都小巧精致,观赏性好,可应用于悬吊观赏。

369

168 小贝拉球兰

Hoya weebella Kloppenb., Fraterna 18(2): 1 (-7; photos). 2005.

自然分布

泰国；常见栽培。

鉴别特征

与 *Hoya bella* 相似，小卵叶，长不超过15mm，着花常为7朵。

迁地栽培形态特征

附生下垂灌木，乳汁白色，植株被毛。

茎 纤细，粗1~2mm，被毛，分枝稀少；叶间隔长15~25mm；不定根偶见，短。

叶 对生，稀三叶轮生，绿色，卵状披针形至卵状披针状长圆形，12~20mm×6~10mm；基部圆形，先端圆尖，顶尖针状，极短；叶缘稍反卷；中脉在叶背凸起，侧脉不清晰；叶柄短，长2~4mm，纤细，被毛。

花 伞状花序，一年生，腋生或顶生，伞形，表面扁平稍凹，球径约40mm，着花常为7朵；花序梗短，长约10mm，被毛；花梗拱状，长15~10mm，外围长于内围，浅绿色，被毛；花萼直径约6mm，萼片三角形，被毛；花冠白色，平展，直径约14mm，中裂，表面被短柔毛，背面无毛，裂片边缘稍反卷；副花冠紫红色，直径约6mm，高2mm，半透明，裂片卵形，厚约2mm，表面内侧卵状凹陷，外角圆，稍高于内角，内角圆尖，顶尖细短；子房柱形，高约1.5mm。

受威胁状况评价

外来种，未见评价；易受环境影响，或滥采而致危，建议调整至易危（VU）。

引种信息

华南植物园　20121336　市场购买。

物候信息

华南植物园　生长良好，未见冻害；茎蔓生长较弱；花期5~6月；单花寿命较长，约1周。

迁地栽培要点

较耐寒，喜阳，亦耐阴，需温室大棚内栽培，适应性较好，盆栽或板植。

扦插易成活，生长速度较慢；空气干燥时，注意补湿。

对基质的湿度和透水性敏感，根系易发生病变或虫害。

植物应用评价

灌木型，可应用于盆栽和附生墙（柱）观赏。

本种常与 *Hoya kingdonwardii* 混淆。*H. kingdonwardii* 为缅甸特有种，未见栽培，叶卵状披针形，与本种的卵状长圆形完全不同。

三叶轮生　叶　顶生花序　栽培植株　腋生花序　花序　花序侧面

169
盈江球兰

Hoya yingjiangensis J. F. Zhang, L. Bai, N. H. Xia & Z. Q. Peng, Phytotaxa 219: 284. 2015.

自然分布

云南德宏，以及缅甸；未见栽培。

鉴别特征

附生灌木，黄色大钟状花冠，单生。

迁地栽培形态特征

附生下垂灌木，植株无毛。

🟢 **茎** 粗壮，粗3~6mm，长1.2~1.5m，亮绿色；叶间隔长4~7cm；不定根稀缺。

🟢 **叶** 对生，肉质，倒卵状披针形，6~10cm×2.1~2.5cm，基部楔形，常下延至叶柄，尾尖细长；叶面光亮，叶缘稍反卷；中脉在叶背凸起，侧脉不清晰；叶柄较短，6~8mm×1~1.5mm，具浅槽，绿色。

🟢 **花** 伞形花序，一年生，腋生或顶生，花序梗极短至无；花梗长约2cm，浅绿色，无毛；萼片龙骨状，6~7mm×3~4mm，钝头，具缘毛；钟状花冠，浅黄色，直径40~45mm，高1.8~2cm，表面被疏毛，背面无毛，裂片边缘反卷；副花冠直立，直径约10mm，高约6.5mm，裂片狭倒卵形，上表面平展，内向凹陷，外角圆，明显高于内角，内角顶尖线形，细长，长可达4mm；子房高4~5mm。

🟢 **果** 未见。

受威胁状况评价

中国原生种，未评价；只分布于中缅边界，易受环境影响，或滥采而致危，建议调整至易危（VU）。

引种信息

华南植物园 20142392、20160873和20160462 云南盈江。

深圳仙湖植物园 F0024669 引自云南盈江。

物候信息

华南植物园 20142392：常温下，2014年9月24日引种野生枝条扦插，易长根，生长良好，且其中一株于2015年3月萌发一花梗，并于4月2日开花，但所有扦插移植苗于2015年夏季死亡，发现其根系未见新根萌发。后续多次引种，迁地保育于控温温室，可安然渡夏，但生长势欠佳，当年扦插苗能抽新枝，翌年未观测到新芽，老枝逐渐老化死亡，检查根部，发现根系腐烂，未见新根萌发。

迁地栽培要点

耐寒，喜阳，忌热，亦耐阴，适应性差，建议板植。

扦插易成活，根部易致病枯死。
根系弱，对基质要求较高。

植物应用评价

暂未驯化成功。

170 尾叶球兰

Hoya yuennanensis Hand.-Mazz., Symb. Sin. 7(4): 1001. 1936.
Hoya mekongensis M. G. Gilbert & P. T. Li. 1974.

自然分布
云南高黎贡山；未见栽培。

鉴别特征
与 *Hoya thomsonii* 相似，茎粗壮，花冠完全反折，白色至黄绿色。

迁地栽培形态特征
附生藤本，乳汁白色，植株被毛。

茎 匍匐状缠绕，粗4~6mm，绿色，被密毛；叶间隔长6~18cm；不定根发达。

叶 对生，肉质，被毛，椭圆形至近圆形，6~10cm×4~5cm，基部圆形，先端圆形，尾尖细短；叶面绿色，叶两面被毛明显；中脉在叶背凸起，侧脉隐约可见，4~5对；叶柄圆柱形，10~24mm×2~3mm，被毛，绿色，扭曲。

花 伞状花序，多年生，球形，紧凑，球径约5cm，着花10余朵；花序梗绿色，40~50mm×3~4mm，被密毛；花梗线形，27~28mm×1~1.2mm，无毛；花萼直径约5mm，萼片阔卵形，钝头，被毛；花冠黄绿色，完全反折，高约10mm，展开直径约21mm，浓香，深裂，表面被密长毛，背面无毛，边缘反卷；副花冠乳白色，直立，直径约7mm，高约4mm，裂片倒卵形，向上反折，外角圆，内角顶尖短细长；子房高约2.5mm，钝头。

果 未见。

受威胁状况评价
中国原生种，未评价；只于高黎贡山有零星分布，建议调整至易危（VU）。

引种信息
华南植物园 20160701、20191641、20191642 云南保山。
昆明植物园 CN20170610 云南保山。

物候信息
华南植物园 适应性强，生长良好，未见冻害；能观测到花开，花期10~12月，花量较少；花寿命较长，约10天。
昆明植物园 观测到花开。

迁地栽培要点
较耐寒，喜阳耐旱，忌积水，盆栽或绑树桩攀爬。
扦插易成活，生长速度较慢；空气干燥时，注意补湿。

植物应用评价

球花型，优良耐寒种，可应用于藤架或墙（柱）攀爬。

在FOC中，本种被记录为尾叶球兰（*Hoya mekongensis*），后于2012年被Rodda处理为 *H. yuennanensis* 的异名。

参考文献
References

蒋英,李秉滔,1977. 中国植物志:第63卷[M]. 北京:科学出版社.
李惠林,等,1978. 台湾植物志[M]. 台北:现代关系出版社.
马兴达,等,2019. 中国球兰属一新记录种——缅甸球兰[J]. 西北植物学报,39:0948-0949.
王文广,等,2019. 中国球兰属一新记录种——披针叶球兰[J]. 西北植物学报,39:1503-1505.
韦毅刚,2021. 广西本土植物及其濒危状况[M]. 北京:中国林业出版社.
张静峰,林侨生,2018. 球兰鉴赏[M]. 广州:广东科技出版社.
张静峰,童毅华,夏念和,2021. 四花球兰,云南球兰属(夹竹桃科萝藦亚科)一新种[J]. 热带亚热带植物学报,29:139-142.
Averyanov L V, et al, 2017. Preliminary checklist of Hoya (Asclepiadaceae) in the flora of Cambodia, Laos and Vietnam[J]. Turczaninowia 20: 103-147.
Brown R, 1810. Prodromus Florae Novae Hollandia: Asclepiadeae[M] London: Richard Taylor.
Costantin J, 1912. Flore générale de l'Indo-Chine[M]. Masson et Cie, Paris.
Dale Kloooenburg. 2004. Malaysian *Hoya* Species: A monograph[M].
Endress M E, Sigrid Liede-schumann, S. & Meve, U. 2014. An updated classification for Apocynaceae. Phytotaxa [J]. 159: 175-194.
Forster P I, Liddle D J, 1996. Flora of Australia 28[M]. Australia: Dickson.
Hooker J D, 1885. The Flora of British India[M]. London: L. Reeve.
King G, 1908. *Hoya obreniformis* King[J]. Ann. Roy. Bot. Gard. (Calcutta) 9:51-52.
Kloppenburg R D, et al, 2013. *Hoya pubicorolla* Kloppenb., G.Mend. & Ferreras [J], Hoya New 1(2): 13.
Kloppenburg R D, et al, 2013. *Hoya pubicorolla* subsp. *anthracina* Kloppenb., Ferreras & G.Mend. [J]. Hoya New 1(2): 20.
Kress J et al, 2003. A checklist of the trees, shrubs, herbs, and climbers of Myanmar[M]. Contributions from the United States National Herbarium.
Lamb A, Rodda M, 2016. A Guide to Hoyas of Borneo[M]. Borneo: Natural History Publications.
Lamb A, Gavrus A, Emoi B et al, 2014. The hoyas of Sabah, a commentary with seven new species and a new subspecies[J]. Sandakania 19: 1-89.
LI P T, 1994. Three new species of *Hoya* (Asclepiadaceae) from Myanmar [J]. J South China Agr Uni. 15 (2): 73-76.
LI P T, et al, 1995. Flora of China [M]. Vol.16: Asclepiadaceae. Beijing: Science Press.
Liddle D J, 2009. Tropical Hoyas[J]. - Subtrop. Gard. 16: 26-31.
Middleton D J, Rodda M, 2019. Flora of Singapore: Apocynaceae. [M]. Vol. 13: 573-599.
Newman, M, et al. 2007. A checklist of the vascular plants of Lao PDR[M]. Royal Botanic Garden Edinburgh, Edinburgh.
Pendleton R L, 1951. Florae Siamensis Enumeratio[M]. Bangkok: Siam Society.
Pham H H, 2003. Cây cỏ Việt Nam: An illustrated flora of Vietnam[M]. Ho Chi Minh City: Young Publishing House.
Rodda M, 2012. Taxonomy of *Hoya lyi*, *Hoya yuennanensis* and *Hoya mekongensis* (Apocynaceae, Asclepiadoideae)[J]. .Edinburgh J. Bot. 69: 83-93.
Rodda M, 2015.Two new species of *Hoya* R.Br. (Apocynaceae, Asclepiadoideae) from Borneo[J]. Phytokeys 53: 83-93.
Rodda M, et al. 2014. Taxonomic revision of the *Hoya mindorensis* complex (Apocynaceae: - Asclepiadoideae) [J]. Webbia 69: 39-47.
Rodda M, 2017. Index of names and types of *Hoya* (Apocynaceae: Asclepiadoideae) of Borneo[J]. Gardens' Bulletin Singapore 69: 33-65.
Rodda M, et al. 2019. A new species, a new subspecies, and new records of *Hoya* (Apocynaceae, Asclepiadoideae) from Myanmar and China. Brittonia 71: 423-234.
Rodda M, et al. 2021. The New Circumscription of *Hoya oreogena* (Apocynaceae-Asclepiadoideae) with the First Record for the Indian Flora[J]. J. Jpn. Bot. 96: 25-28.
Schlechter R, 1913. Die Asclepiadaceae von Deutsch-Neu-Guinea. Botanische Jahrbücher fur Systematik, Pflanzengeschichte und Pflanzengeographie[J]. 50: 126-127.
Simonsson N, Rodda M, 2017. Contribution to a revision of *Hoya* (Apocynaceae: Asclepiadoideae) of Papuasia. Part I: ten new species, one new subspecies and one new combination [J]. Gardens' Bulletin Singapore 69: 97-147.
Tsiang Y, 1936. Notes on the Asiatic Apocynales III [J]. - Sunyatsenia 3: 169-180.
Wanntorp L, Forster P I, 2007. Phylogenetic relationships between *Hoya* and the monotypic genera *Madangia*, *Absolmsia*, and *Micholitzia* (Apocynaceae, Marsdenieae): insights from flower morphology[J]. Annals of the Missouri Botanical Garden 94: 36-55.
Wu C Y, Raven P H, 1995. Flora of China: V16[M]. Beijing & St. Louis: Science Press & Missouri.
www. jstor.org
www. tropicos.org
www.ipni.org
www.cvh.ac.cn
www.nsii.org.cn

植物标本馆代码

IBSC　　中国科学院华南植物园标本馆
PE　　　中国科学院植物研究所标本馆
KUN　　中国科学院昆明植物研究所标本馆
IBK　　　广西植物研究所标本馆
HITBC　中国科学院西双版纳热带植物园标本馆
A　　　　Herbarium of the Arnold Arboretum
E　　　　Royal Botanic Garden Edinburgh
P　　　　Muséum National d'Histoire Naturelle
K　　　　Royal Botanic Gardens, Kew
NY　　　The William and Lynda Steere Herbarium of the New York Botanical Garden
L　　　　Naturalis Biodiversity Centre, formerly Leiden University

附录1 各植物园栽培球兰属植物种类统计表

序号	种中名	拉丁名	华南园	昆明园	版纳园	厦门园	北京园	辰山园	仙湖园	上海园	易危(VU)	濒危(EN)	极危(CR)	无危(LC)	数据缺乏(DD)
1	刺球兰	*Hoya acicularis* T.Green & Kloppenb.	√					√	√						√
2	近缘球兰	*Hoya affinis* Hemsl.	√					√	√						√
3	阿拉沟河球兰	*Hoya alagensis* Kloppenb.	√												√
4	奥氏球兰	*Hoya aldrichii* Hemsl.	√	√											√
5	安氏球兰	*Hoya anncajanoae* Kloppenb. & Siar	√												√
6	环冠球兰	*Hoya anulata* Schltr.	√					√	√						√
7	风铃球兰	*Hoya archboldiana* C. Norman	√	√				√	√						√
8	澳洲球兰	*Hoya australis* R. Br. & J. Traill	√	√				√	√						√
9	石崖球兰	*Hoya australis* subsp. *rupicola* (K. D. Hill) P. I. Forst. & Liddle	√					√	√						√
10	萨纳球兰	*Hoya australis* subsp. *sana* (F. M. Bailey) K. D. Hill	√					√	√						√
11	白沙球兰	*Hoya baishaensis* Shao Y. He & P. T. Li	√												
12	巴拉球兰	*Hoya balaensis* Kidyoo & Thaithong													√
13	贝布斯球兰	*Hoya bebsguevarrae* Kloppenb. & Carandang	√												√
14	贝卡里球兰	*Hoya beccarii* Rodda & Simonsson	√					√							√
15	贝拉球兰	*Hoya bella* Hook.	√	√				√	√						√
16	本格特球兰	*Hoya benguetensis* Schltr.	√	√				√	√						√
17	谭氏球兰	*Hoya benitotanii* Kloppenb	√					√	√						√
18	不丹球兰	*Hoya bhutanica* Grierson & D. G. Long	√											√	
19	双裂球兰	*Hoya bilobata* Schltr.	√					√							√
20	布拉轩球兰	*Hoya blashernaezii* Kloppenb.	√	√				√	√						√
21	希雅球兰	*Hoya blashernaezii* subsp. *siariae* (Kloppenb.) Kloppenburg	√			√		√	√						√
22	巴尔马约球兰	*Hoya blashernaezii* subsp. *valmayoriana* Kloppenb, Guevarra & Carandang	√					√							√
23	波特球兰	*Hoya buotii* Kloppenb.	√	√				√	√						√
24	缅甸球兰	*Hoya burmanica* Rolfe	√	√				√	√				√		
25	美叶球兰	*Hoya callistophylla* T. Green	√	√				√	√						√
26	钟花球兰	*Hoya campanulata* Blume	√	√				√	√						√
27	樟叶球兰	*Hoya camphorifolia* Warb	√						√						√
28	洋心叶球兰	*Hoya cardiophylla* Merr.	√												√
29	球兰	*Hoya carnosa* (L. f.) R. Br.	√	√		√		√						√	
30	隐冠球兰	*Hoya celata* Kloppenb., Siar, G. Mend., Cajano, Guevarra & Carandang	√												√
31	景洪球兰	*Hoya chinghungensis* (Tsiang & P. T. Li.) M. G. Gilbert, P. T. Li & W. D. Stevens	√		√			√	√	√					

附录1　各植物园栽培球兰属植物种类统计表

（续）

序号	种中名	拉丁名	华南园	昆明园	版纳园	厦门园	北京园	辰山园	仙湖园	上海园	易危(VU)	濒危(EN)	极危(CR)	无危(LC)	数据缺乏(DD)
32	绿花球兰	*Hoya chlorantha* Rech.	√	√	√		√	√	√						√
33	玉桂球兰	*Hoya cinnamomifolia* Hook.	√												√
34	柠檬球兰	*Hoya citrina* Ridl.	√												√
35	反瓣球兰	*Hoya clemensiorum* T. Green	√					√	√						√
36	广西球兰	*Hoya commutata* M. G. Gilbert & P. T. Li	√										√		
37	革叶球兰	*Hoya coriacea* Blume		√											√
38	卡尼球兰	*Hoya corneri* Rodda & S. Rahayu	√				√	√							√
39	卡米球兰	*Hoya cumingiana* Decne.	√	√			√								√
40	银斑球兰	*Hoya curtisii* King & Gamble	√	√	√			√	√						√
41	大勐龙球兰	*Hoya daimenglongensis* Shao Y. He & P. T. Li	√	√											√
42	蚁球	*Hoya darwinii* Loher	√	√			√	√							√
43	戴氏球兰	*Hoya davidcummingii* Kloppenb.	√					√	√						√
44	密叶球兰	*Hoya densifolia* Turcz.	√	√	√			√	√						√
45	双翅球兰	*Hoya diptera* Seem.	√												√
46	崖县球兰	*Hoya diversifolia* Bl.	√				√	√						√	
47	掌脉球兰	*Hoya dolichosparte* Schltr.	√	√			√	√							√
48	贡山球兰	*Hoya edeni* King ex Hook. f.	√	√				√				√			
49	埃尔默球兰	*Hoya elmeri* Merr.	√	√											√
50	红叶球兰	*Hoya erythrina* Rintz	√				√	√							√
51	红冠球兰	*Hoya erythrostemma* Kerr.	√				√								√
52	凹湾球兰	*Hoya excavata* Teijsm. & Binn.	√	√			√	√							√
53	鞭毛球兰	*Hoya flagellata* Kerr.	√	√	√		√	√							√
54	淡黄球兰	*Hoya flavida* P. I. Forst. & Liddle	√	√											√
55	台湾球兰	*Hoya formosana* T. Yamaz.	√												√
56	护耳草	*Hoya fungii* Merr.	√	√											√
57	黄花球兰	*Hoya fusca* Wall.	√	√							√				
58	褐缘球兰	*Hoya fuscomarginata* N. E. Br.	√	√			√	√							√
59	高黎贡球兰	*Hoya gaoligongensis* M. X. Zhao & Y. H. Tan	√					√							
60	毛球兰	*Hoya globulosa* Hook. f.	√	√	√	√	√	√	√					√	
61	戈兰柯球兰	*Hoya golamcoana* Kloppenb.	√	√											√
62	格林球兰	*Hoya greenii* Kloppenb.	√				√	√							√
63	荷秋藤	*Hoya griffithii* Hook. f.	√	√	√			√						√	
64	海南球兰	*Hoya hainanensis* Merr.	√											√	
65	海岸球兰	*Hoya halophila* Schltr.	√	√											√
66	希凯尔球兰	*Hoya heuschkeliana* Kloppenb.	√			√		√	√						√
67	黄花希凯尔	*Hoya heuschkeliana* subsp. *cajanoae* Kloppenb. & Siar.	√	√				√	√						√
68	毛叶球兰	*Hoya hypolasia* Schltr.	√	√				√	√						√

（续）

序号	种中名	拉丁名	华南园	昆明园	版纳园	厦门园	北京园	辰山园	仙湖园	上海园	易危(VU)	濒危(EN)	极危(CR)	无危(LC)	数据缺乏(DD)
69	皇冠球兰	*Hoya ignorata* T. B. Tran, Rodda, Simonsson & Joongku Lee	√												√
70	火红球兰	*Hoya ilagiorum* Kloppenb., Siar & Cajano	√						√						√
71	玳瑁球兰	*Hoya imbricata* Callery & Decne.	√	√				√	√	√					√
72	帝王球兰	*Hoya imperialis* Lindl.	√						√	√					√
73	隐脉球兰	*Hoya inconspicua* Hemsl.	√						√						√
74	厚冠球兰	*Hoya incrassata* Warb.	√	√				√	√	√					√
75	卷叶球兰	*Hoya incurvula* Schltr.	√												√
76	尖峰岭球兰	*Hoya jianfenglingensis* Shao Y. He & P. T. Li	√												√
77	胡安娜球兰	*Hoya juannguoana* Kloppenb.	√												√
78	印南球兰	*Hoya kanyakumariana* A. N. Henry & Swamin.	√	√				√	√	√					√
79	肯尼球兰	*Hoya kenejiana* Schltr.	√	√				√	√	√					√
80	肯蒂亚球兰	*Hoya kentiana* C. M. Burton	√	√				√	√	√					√
81	凹叶球兰	*Hoya kerrii* Craib	√	√		√		√	√						√
82	元宝球兰	*Hoya kloppenburgii* T. Green	√												√
83	克朗球兰	*Hoya krohniana* Kloppenb. & Siar	√	√					√	√					√
84	裂瓣球兰	*Hoya lacunosa* Bl.	√	√		√			√	√					√
85	披针叶球兰	*Hoya lanceolata* Wall. & D. Don	√					√	√						√
86	棉叶球兰	*Hoya lasiantha* Korth. & Bl.	√	√			√	√	√	√					√
87	橙花球兰	*Hoya lasiogynostegia* P. T. Li	√									√			
88	大叶球兰	*Hoya latifolia* G. Don	√			√		√	√	√					√
89	白瑰球兰	*Hoya leucorhoda* Schltr.		√											√
90	线叶球兰	*Hoya linearis* Wall. & D. Don	√	√	√			√	√					√	
91	滨海球兰	*Hoya litoralis* Schltr.	√												√
92	洛布球兰	*Hoya lobbii* Hook. f.	√	√	√			√	√						√
93	洛克球兰	*Hoya lockii* V. T. Pham & Aver.	√										√		
94	洛尔球兰	*Hoya loheri* Kloppenb.	√	√	√			√	√	√					√
95	长萼球兰	*Hoya longicalyx* H. Wang & E. F. Huang	√										√		
96	莱斯球兰	*Hoya loyceandrewsiana* T. Green	√												√
97	卢氏球兰	*Hoya lucardenasiana* Kloppenb., Siar & Cajano	√	√				√	√						√
98	香花球兰	*Hoya lyi* H. Lév.	√	√				√							√
99	澜沧球兰	*Hoya manipurensis* Deb	√		√			√	√						√
100	纸巾球兰	*Hoya mappigera* Rodda & Simonsson	√												√
101	红花球兰	*Hoya megalaster* Warb.	√	√											√
102	美丽球兰	*Hoya melifluua* Merr.	√	√				√	√						√
103	公园球兰	*Hoya memoria* Kloppenb.	√					√	√						√

附录1 各植物园栽培球兰属植物种类统计表

（续）

序号	种中名	拉丁名	华南园	昆明园	版纳园	厦门园	北京园	辰山园	仙湖园	上海园	易危(VU)	濒危(EN)	极危(CR)	无危(LC)	数据缺乏(DD)
104	梅氏球兰	*Hoya meredithii* T. Green	√												√
105	玛丽球兰	*Hoya merrillii* Schltr.	√	√					√						√
106	米氏球兰	*Hoya migueldavidii* Cabactulan, Rodda & R. B. Pimentel	√												√
107	迈纳球兰	*Hoya minahassae* Schltr.	√												√
108	民都洛球兰	*Hoya mindorensis* Schltr.	√	√					√	√					√
109	异球兰	*Hoya mirabilis* Kidyoo	√						√						√
110	蜂出巢	*Hoya multiflora* Blume	√	√		√		√	√	√	√				
111	蚁巢球兰	*Hoya myrmecopa* Kleijn & Donkelaar	√						√						√
112	纳巴湾球兰	*Hoya nabawanensis* Kloppenburg & Wiberg	√						√						√
113	瑙曼球兰	*Hoya naumannii* Schltr.	√	√				√	√						√
114	新波迪卡球兰	*Hoya neoebudica* Guillaumin	√					√	√						√
115	凸脉球兰	*Hoya nervosa* Tsiang & P. T. Li	√	√				√	√					√	
116	钱叶球兰	*Hoya nummularioides* Cost.	√	√				√	√						√
117	林芝球兰	*Hoya nyingchiensis* Y. W. Zuo & H. P. Deng	√						√						
118	倒心叶球兰	*Hoya obcordata* Hook. f.	√	√					√						
119	倒披针叶球兰	*Hoya oblanceolata* Hook. f.	√						√						
120	倒卵尖球兰	*Hoya oblongacutifolia* Cost.	√	√				√	√						√
121	倒卵叶球兰	*Hoya obovata* Decne.	√	√		√		√	√						√
122	小棉球兰	*Hoya obscura* Elmer & Merr.	√	√				√							√
123	甜香球兰	*Hoya odorata* Schltr	√					√							√
124	卷边球兰	*Hoya oreogena* Kerr.	√					√	√					√	
125	豆瓣球兰	*Hoya pallilimba* Kleijn & Donkelaar	√					√							√
126	琴叶球兰	*Hoya pandurata* Tsiang	√						√						
127	狭琴叶球兰	*Hoya pandurata* subsp. *angustifolia* Rodda & K.Amstrong.	√	√	√		√		√	√					
128	矮球兰	*Hoya parviflora* Wight	√					√	√						
129	碗花球兰	*Hoya patella* Schltr.	√	√	√		√	√							√
130	帕斯球兰	*Hoya paziae* Kloppenb.	√	√				√	√						√
131	秋水仙	*Hoya persicina* Kloppenb., Siar, Guevarra, Carandang & G.Mend.	√	√				√	√						√
132	皮氏球兰	*Hoya pimenteliana* Kloppenb.	√					√							√
133	皱褶球兰	*Hoya plicata* King & Gamble,	√												√
134	多脉球兰	*Hoya polyneura* Hook. f.	√	√			√	√	√						
135	猴王球兰	*Hoya praetorii* Miq.	√				√	√	√						
136	柔毛球兰	*Hoya pubera* Bl.	√					√	√						
137	毛萼球兰	*Hoya pubicalyx* Merr.	√	√		√									
138	紫花球兰	*Hoya purpureo-fusca* Hook.	√					√	√						
139	微花球兰	*Hoya pusilla* Rintz	√												√

（续）

序号	种中名	拉丁名	华南园	昆明园	版纳园	厦门园	北京园	辰山园	仙湖园	上海园	易危(VU)	濒危(EN)	极危(CR)	无危(LC)	数据缺乏(DD)
140	梨叶球兰	*Hoya pyrifolia* E. F. Huang	√									√			
141	奎氏球兰	*Hoya quisumbingii* Kloppenb.	√	√											√
142	匙叶球兰	*Hoya radicalis* Tsiang & P. T. Li	√										√		
143	断叶球兰	*Hoya retusa* Dalzell.	√	√				√	√	√					√
144	反卷球兰	*Hoya revoluta* Wight & Hook.f.	√					√	√						√
145	硬叶球兰	*Hoya rigida* Kerr.	√	√	√			√	√						√
146	方叶球兰	*Hoya rotundiflora* M. Rodda & N. Simonsson	√	√				√	√	√					√
147	兰敦球兰	*Hoya rundumensis* (T.Green) Rodda & Simonsson	√												√
148	门多萨球兰	*Hoya salmonea* Kloppenb., Guevarra, G. Mend. & Ferreras	√												√
149	斯氏球兰	*Hoya scortechinii* King & Gambl	√	√			√								√
150	匍匐球兰	*Hoya serpens* Hook. f.	√		√										√
151	莱豆球兰	*Hoya shepherdi* Short & Hook.	√	√				√							√
152	斑叶球兰	*Hoya sigillatis* T.Green	√	√				√	√						√
153	实必丹球兰	*Hoya sipitangensis* Kloppenb. & Wiberg	√					√							√
154	索里嘎姆球兰	*Hoya soligamiana* Kloppenb., Siar & Cajano	√	√											√
155	棒叶球兰	*Hoya spartioides* (Benth.) Kloppenb.		√											√
156	宝石球兰	*Hoya stoneana* Kloppenb. & Siar	√	√				√	√						√
157	粗蔓球兰	*Hoya subquintuplinervis* Miq.	√	√				√	√						√
158	苏里高球兰	*Hoya surigaoensis* Kloppenb., Siar & Nyhuus	√												√
159	三岛球兰	*Hoya tamdaoensis* Rodda & T. B. Tran	√	√					√						
160	夜来香球兰	*Hoya telosmoides* Omlor	√												√
161	腾冲球兰	*Hoya tengchongensis* J. F. Zhang, N. H. Xia & Y. F. Kuang	√	√											
162	西藏球兰	*Hoya thomsonii* Hook.f.	√	√				√	√						√
163	钩状球兰	*Hoya uncinata* Teijsm. & Binn	√												√
164	万荣球兰	*Hoya vangviengiensis* Rodda & Simonsson	√	√											√
165	铁草鞋	*Hoya verticillata* (Vahl) G. Don	√		√	√	√	√	√	√				√	
166	黄洁球兰	*Hoya vitellinoides* Bakh.f.	√	√				√	√						√
167	瓦依特球兰	*Hoya wayetii* Kloppenb.	√	√				√							√
168	小贝拉球兰	*Hoya weebella* Kloppenb.	√						√						
169	盈江球兰	*Hoya yingjiangensis* J. F. Zhang, L. Bai, N. H. Xia & Z. Q. Peng	√					√							√
170	尾叶球兰	*Hoya yuennanensis* Hand.-Mazz.	√	√											√

附录2 各植物园地理环境

中国科学院华南植物园

中国科学院华南植物园位于广州东北部，地处北纬23°10′，东经113°21′，海拔24～130m的低丘陵台地，地带性植被为南亚热带季风常绿阔叶林，属南亚热带季风湿润气候。夏季炎热而潮湿，秋冬温暖而干旱，年平均气温20～22°C，极端最高气温38°C，极端最低气温0.4～0.8°C，7月平均气温29°C，冬季几乎无霜冻。大于10°C年积温6400～6500°C，年均降水量1600～2000mm，年蒸发量1783mm，雨量集中于5～9月，10月至翌年4月为旱季；干湿明显，相对湿度80%。干枯落叶层较薄，土壤为花岗岩发育而成的赤红壤、沙质中壤，有机质含量2.1%～0.6%，含氮量0.068%，速效磷0.03mg/100g土，速效钾2.1～3.6mg/100g土，pH值4.6～5.3。

中国科学院昆明植物研究所（昆明植物园）

昆明植物所位于昆明北郊，地处北纬25°01′，东经102°41′，海拔1990m，地带性植被为西部（半湿润）常绿阔叶林，属亚热带高原季风气候。年平均气温14.7°C，极端最高气温33°C，极端最低气温-5.4°C，最冷月（1月、12月）月均温7.3～8.3°C，年平均日照时数2470.3h，年均降水量1006.5mm，12月至翌年4月（干季）降水量为全年的10%左右，年均蒸发量1870.6mm（最大蒸发量出现在3～4月），年平均相对湿度73%。土壤为第三纪古红层和玄武岩发育的山地红壤，有机质及氮磷钾的含量低，pH值4.9～6.6。

中国科学院西双版纳热带植物园

中国科学院西双版纳热带植物园位于云南西双版纳勐腊县勐仑镇，占地面积1125hm^2。地处印度马来热带雨林区北缘（北纬20°4′，东经101°25′，海拔550～610m）。终年受西南季风控制，热带季风气候。干湿季节明显，年平均气温21.8°C，最热月（6月）平均气温25.7°C，最冷月（1月）平均气温16.0°C，终年无霜。根据降雨量可分为旱季和雨季，旱季又可分为雾凉季（11月至翌年2月）和干热季（3～4月）。干热季气候干燥，降水量少，日温差较大；雾凉季降水量虽少，但从夜间到次日中午，都会存在大量的浓雾，对旱季植物的水分需求有一定补偿作用。雨季时，气候湿热，水分充足，降雨量1256mm，占全年的84%。年均相对湿度为85%，全年日照时数为1859h。西双版纳热带植物园属丘陵-低中山地貌，分布有砂岩、石灰岩等成土母岩，分布的土壤类型有砖红壤、赤红壤、石灰岩土及冲积土。

深圳市中国科学院仙湖植物园

深圳市中国科学院仙湖植物园位于深圳市罗湖区东郊，东倚梧桐山，西临深圳水库，地处北纬22°34′，东经114°10′，海拔26～605m，地带性植被为南亚热带季风常绿阔叶林，属亚热带海洋性气候，依山傍海，气候温暖宜人，年平均气温22.3°C，极端最高气温38.7°C，极端最低气温0.2°C，每年4～9月为雨季，年均降水量1933.3mm，雨量充足，相对湿度71%～85%。日照时间长，年平均日照时数2060h。土壤母质为页岩、砂岩分化的黄壤，沟边多石砾，呈微酸至中性，pH值5.5～7.0。

厦门市园林植物园

厦门市园林植物园位于福建省厦门市思明区，居厦门岛东南隅的万石山中，北纬24°27′，东经118°06′，海拔44.3～201.2m，地处北回归线边缘，全年春、夏、秋三季明显，属南亚热带海洋性季风气候，地带植被隶属于"闽西博平岭东南部湿热南亚热带雨林小区"。厦门年平均气温21.0°C，最冷月（2月）平均气温12°C以上，最热月（7~8月）平均气温28°C，没有气温上的冬季，极端最低气温1°C（2016年1月24日），极端最高气温38.4°C（1953年8月16日），年日照时数1672h。年平均降雨量在1200mm左右，每年5~8月雨量最多，年平均相对湿度为76%。风力一般3~4级，常向主导风力为东北风。由于太平洋温差气流的关系，每年平均受4~5次台风的影响，且多集中在7~9月。土壤类型为花岗岩风化物组成的粗骨性砖红壤、红壤，pH值5~6，土层不厚，有机质含量少，蓄水保肥能力差。

上海辰山植物园

辰山植物园位于北纬31°04′，东经121°10′，海拔2.8~3.2m。园区大部分地区地势平坦，辰山山体最高点海拔为71.4m。辰山植物园地处北亚热带季风湿润气候区，四季分明，年平均气温15.6°C，无霜期230天，年平均日照时数1817h，年平均降水量1213mm，极端最高气温37.6°C，极端最低气温-8.9°C。园区内河流湖泊纵横交错，如南北走向的辰山塘、东西走向的沈泾河，园区整体地下水位高。土壤呈中性或微碱性，有机质平均含量4.01%，质地黏重。

上海植物园

位于上海市徐汇区，东经121°45′，北纬31°15′，海拔7m，属北亚热带海洋季风气候，全年平均气温17.1°C左右，7~8月气温最高，月平均28.6°C，极端高温40.9°C（2017年7月21日），1~2月最低，月平均4.8°C，极端低温-12.1°C（1977年1月13日），年日照时数平均为1855h，年降水量1159.2mm，每年的6~9月为主汛期，年降水量的70%集中在此期间，8~9月台风多发，年平均雷暴日数30.1天，降雪稀少，风力一般3~4级，夏季主风向为西北风。土壤类型为石灰性冲积平原土壤，pH值7.8~8.5，有机质含量低，保水保肥性能差，土壤地下水位较高。

北京市植物园

北京市植物园位于京西香山脚下，北纬40°，东经116°28′，海拔61.6~584.6m，属典型的北温带半湿润大陆性季风气候，夏季高温多雨，冬季寒冷干燥，春、秋短促。1996—2003年，北京市植物园年均气温12.8°C，年降水量532.6mm，1月均温-2.5°C，7月均温32.0°C，1月极端最低气温-13.8°C，7月极端最高气温38°C。

四川省自然资源科学研究院峨眉山生物站

峨眉山生物站位于四川盆地西南边缘的峨眉山中低山区的万年寺停车场东侧，地处北纬29°35′，东经103°22′，海拔800m的山坡地，平均坡度为20°左右，地带性植被为中亚热带常绿阔叶林，属中亚热带季风型湿润气候，夏季温暖潮湿，秋冬寒冷多雾，年平均温度16°C，极端最高气温34.2°C，极端最低气温-2°C，1月平均气温4.4°C，7月平均气温23.6°C，冬季几乎无霜冻。年降雨量1750mm，雨量集中于8~9月；年蒸发量1583mm，年平均相对湿度大于80%，土壤为山地黄壤，pH值5.5~6.5。

中文名索引

A

阿拉沟河球兰 ... 38
埃尔默球兰 ... 130
矮球兰 ... 288
安氏球兰 ... 42
凹湾球兰 ... 136
凹叶球兰 ... 194
奥氏球兰 ... 40
澳洲球兰 ... 48

B

巴尔马约球兰 ... 76
巴拉球兰 ... 56
白瑰球兰 ... 210
白沙球兰 ... 54
斑叶球兰 ... 336
棒叶球兰 ... 342
宝石球兰 ... 344
贝布斯球兰 ... 58
贝卡里球兰 ... 60
贝拉球兰 ... 62
本格特球兰 ... 64
鞭毛球兰 ... 138
滨海球兰 ... 214
波特球兰 ... 78
不丹球兰 ... 68
布拉轩球兰 ... 72

C

菜豆球兰 ... 334
长萼球兰 ... 222
橙花球兰 ... 206
匙叶球兰 ... 316
刺球兰 ... 34
粗蔓球兰 ... 346

D

大勐龙球兰 ... 114
大叶球兰 ... 208
玳瑁球兰 ... 174
戴氏球兰 ... 118
淡黄球兰 ... 140
倒卵尖球兰 ... 272
倒卵叶球兰 ... 274
倒披针叶球兰 ... 270
倒心叶球兰 ... 268
帝王球兰 ... 176
豆瓣球兰 ... 282
断叶球兰 ... 318
多脉球兰 ... 300

F

反瓣球兰 ... 102
反卷球兰 ... 320
方叶球兰 ... 324
风铃球兰 ... 46
蜂出巢 ... 252

G

高黎贡球兰 ... 150
戈兰柯球兰 ... 154
革叶球兰 ... 106
格林球兰 ... 156
公园球兰 ... 238
贡山球兰 ... 128
钩状球兰 ... 358
广西球兰 ... 104

H

海岸球兰 ... 162
海南球兰 ... 160
荷秋藤 ... 158
褐缘球兰 ... 148
红冠球兰 ... 134
红花球兰 ... 234
红叶球兰 ... 132
猴王球兰 ... 302
厚冠球兰 ... 180
胡安娜球兰 ... 186
护耳草 ... 144
环冠球兰 ... 44
皇冠球兰 ... 170
黄花球兰 ... 146
黄花希凯尔 ... 166
黄洁球兰 ... 366
火红球兰 ... 172

J

尖峰岭球兰 ... 184
近缘球兰 ... 36
景洪球兰 ... 94
卷边球兰 ... 280
卷叶球兰 ... 182

K

卡米球兰 ... 110
卡尼球兰 ... 108
克朗球兰 ... 198
肯蒂亚球兰 ... 192
肯尼球兰 ... 190
奎氏球兰 ... 314

385

L

莱斯球兰	224
兰敦球兰	326
澜沧球兰	230
梨叶球兰	312
裂瓣球兰	200
林芝球兰	266
卢氏球兰	226
绿花球兰	96
洛布球兰	216
洛尔球兰	220
洛克球兰	218

M

玛丽球兰	242
迈纳球兰	246
毛萼球兰	306
毛球兰	152
毛叶球兰	168
梅氏球兰	240
美丽球兰	236
美叶球兰	82
门多萨球兰	328
米氏球兰	244
密叶球兰	120
棉叶球兰	204
缅甸球兰	80
民都洛球兰	248

N

纳巴湾球兰	256
瑙曼球兰	258
柠檬球兰	100

P

帕斯球兰	292
披针叶球兰	202
皮氏球兰	296
匍匐球兰	332

Q

钱叶球兰	264
琴叶球兰	284
秋水仙	294
球兰	90

R

| 柔毛球兰 | 304 |

S

萨纳球兰	52
三岛球兰	350
石崖球兰	50
实必丹球兰	338
双翅球兰	122

双裂球兰	70
斯氏球兰	330
苏里高球兰	348
索里嘎姆球兰	340

T

台湾球兰	142
谭氏球兰	66
腾冲球兰	354
甜香球兰	278
铁草鞋	362
凸脉球兰	262

W

瓦依特球兰	368
碗花球兰	290
万荣球兰	360
微花球兰	310
尾叶球兰	374

X

西藏球兰	356
希凯尔球兰	164
希雅球兰	74
狭琴叶球兰	286
线叶球兰	212
香花球兰	228
小贝拉球兰	370
小棉球兰	276
新波迪卡球兰	260

Y

崖县球兰	124
洋心叶球兰	88
夜来香球兰	352
蚁巢球兰	254
蚁球	116
异球兰	250
银斑球兰	112
隐冠球兰	92
隐脉球兰	178
印南球兰	188
盈江球兰	372
硬叶球兰	322
玉桂球兰	98
元宝球兰	196

Z

樟叶球兰	86
掌脉球兰	126
纸巾球兰	232
钟花球兰	84
皱褶球兰	298
紫花球兰	308

拉丁名索引

A

Asclepias carnosa ... 90
Astrostemma spartioides ... 342

C

Centrostemma multiflorum ... 252
Centrostemma yunnanense ... 128

D

Dischidia chinghungensis ... 94

H

Hoya acicularis ... 34
Hoya acuta ... 362
Hoya affinis ... 36
Hoya alagensis ... 38
Hoya aldrichii ... 40
Hoya angustifolia ... 362
Hoya anncajanoae ... 42
Hoya anulata ... 44
Hoya archboldiana ... 46
Hoya australis ... 48
Hoya australis subsp. *rupicola* ... 50
Hoya australis subsp. *sana* ... 52
Hoya baishaensis ... 54
Hoya balaensis ... 56
Hoya balansae ... 362
Hoya bawanglingensis ... 362
Hoya bebsguevarrae ... 58
Hoya beccarii ... 60
Hoya bella ... 62
Hoya benguetensis ... 64
Hoya benitotanii ... 66
Hoya bhutanica ... 68
Hoya bilobata ... 70
Hoya blashernaezii ... 72
Hoya blashernaezii subsp. *siariae* ... 74
Hoya blashernaezii subsp. *valmayoriana* ... 76
Hoya buotii ... 78
Hoya burmanica ... 80
Hoya callistophylla ... 82
Hoya campanulata ... 84
Hoya camphorifolia ... 86
Hoya cardiophylla ... 88
Hoya carnosa ... 90
Hoya carnosa var. *formosana* ... 142
Hoya carnosa var. *gushanica* ... 90
Hoya celata ... 92
Hoya chinghungensis ... 94
Hoya chlorantha ... 96
Hoya cinnamomifolia ... 98
Hoya citrina ... 100
Hoya clemensiorum ... 102
Hoya commutata ... 104
Hoya coriacea ... 106
Hoya corneri ... 108
Hoya cumingiana ... 110
Hoya curtisii ... 112
Hoya daimenglongensis ... 114
Hoya darwinii ... 116
Hoya davidcummingii ... 118
Hoya densifolia ... 120
Hoya diptera ... 122
Hoya diversifolia ... 124
Hoya dolichosparte ... 126
Hoya edeni ... 128
Hoya elmeri ... 130
Hoya erythrina ... 132
Hoya erythrostemma ... 134
Hoya excavata ... 136
Hoya flagellata ... 138
Hoya flavida ... 140
Hoya formosana ... 142
Hoya fungii ... 144
Hoya fusca ... 146
Hoya fuscomarginata ... 148
Hoya gaoligongensis ... 150
Hoya globulosa ... 152
Hoya golamcoana ... 154
Hoya gongshanica ... 128
Hoya greenii ... 156
Hoya griffithii ... 158
Hoya hainanensis ... 160
Hoya halophila ... 162
Hoya heuschkeliana ... 164
Hoya heuschkeliana subsp. *cajanoae* ... 166
Hoya hypolasia ... 168
Hoya ignorata ... 170
Hoya ilagiorum ... 172
Hoya imbricata ... 174
Hoya imperialis ... 176
Hoya inconspicua ... 178
Hoya incrassata ... 180
Hoya incurvula ... 182
Hoya jianfenglingensis ... 184
Hoya juannguoana ... 186
Hoya kanyakumariana ... 188
Hoya kenejiana ... 190
Hoya kentiana ... 192
Hoya kerrii ... 194
Hoya kloppenburgii ... 196
Hoya krohniana ... 198
Hoya kwangsiensis ... 158
Hoya lacunosa ... 200
Hoya lanceolata ... 202
Hoya lancilimba ... 158
Hoya lancilimba f. *tsoi* ... 158
Hoya lantsangensis ... 230